爱上自然课

AISHANG ZIRANKE

化石里的生命：史前动物

HUASHI LI DE SHENGMING：SHIQIAN DONGWU

知识达人 编著

成都地图出版社

图书在版编目（CIP）数据

化石里的生命：史前动物 / 知识达人编著 . — 成都：成都地图出版社，2017.1（2021.5 重印）
（爱上自然课）
ISBN 978-7-5557-0262-7

Ⅰ . ①化… Ⅱ . ①知… Ⅲ . ①古动物学—青少年读物 Ⅳ . ① Q915-49

中国版本图书馆 CIP 数据核字 (2016) 第 079899 号

爱上自然课——化石里的生命：史前动物

责任编辑： 马红文
封面设计： 纸上魔方

出版发行： 成都地图出版社
地　　址： 成都市龙泉驿区建设路 2 号
邮政编码： 610100
电　　话： 028－84884826（营销部）
传　　真： 028－84884820

印　　刷： 唐山富达印务有限公司
（如发现印装质量问题，影响阅读，请与印刷厂商联系调换）

开　　本： 710mm × 1000mm　1/16
印　　张： 8　　**字　　数：** 160 千字
版　　次： 2017 年 1 月第 1 版　　**印　　次：** 2021 年 5 月第 4 次印刷
书　　号： ISBN 978-7-5557-0262-7

定　　价： 38.00 元

目录

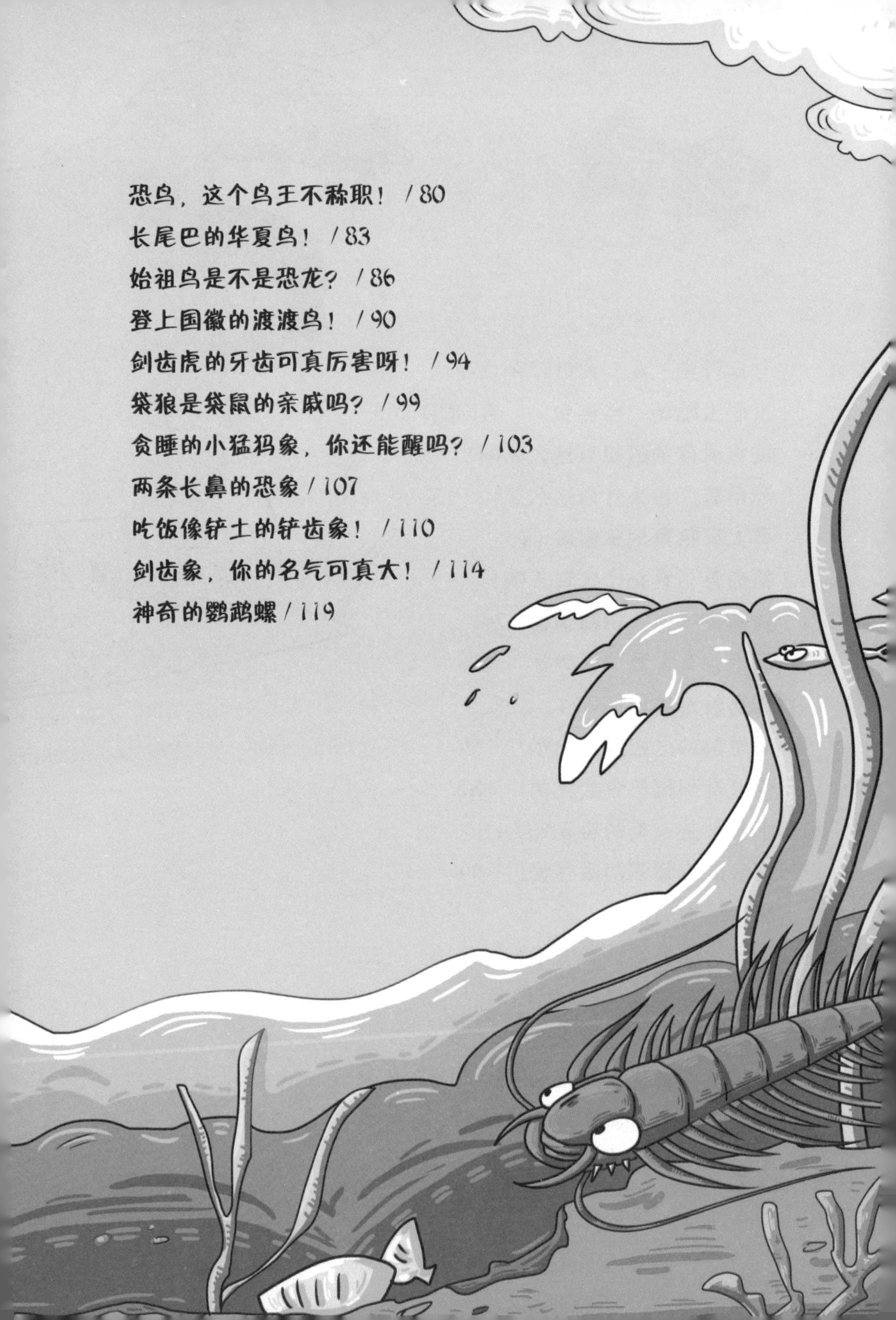

“三叶虫”是三片叶子的虫子吗？

小朋友们听到“三叶虫”这个名字时，会不会觉得很奇怪，怎么会有长着三片叶子的虫子或像三片叶子的虫子呢？这会是一种虫子吗？古书上会有记载吗？还真有一本文人笔记，记载了明代人张华东在一种石头里面发现过这种虫子。

张华东当时发现的当然是化石，不是活体。当时的人们也不知道这化石虫子是什么，看着像是展开翅膀的蝙蝠，于

是便说这是“蝙蝠石”。

古生物学家经过科学研究，断定这“蝙蝠石”其实是一个三叶虫的尾巴化石。而三叶虫是一种生活在5亿年前的远古生物。

三叶虫看起来有点像古代武士的盔甲，全身非常明显地分为头、胸、尾三个部分；身体扁平，背部的甲很坚硬，被两条纵向深沟分割成差不多大小的三片。

地球形成于48亿年前，然而在38亿年前，地球上还没有出现生物。在距今6亿年前，地球上开始

出现生命。地球物理学家把距今5.7亿 ~ 5.1亿年，称为寒武纪时期。

在寒武纪时期，三叶虫可以说是整个海洋里的“霸主”，耀武扬威极了，它们几乎找不到可以和它们一较高下的对手。所以，人们常说寒武纪是三叶虫的时代。

其实啊，还有更令人惊奇的事情：三叶虫不但是海里的游泳健将，还是陆地的爬行高手。这样一来，不管是海

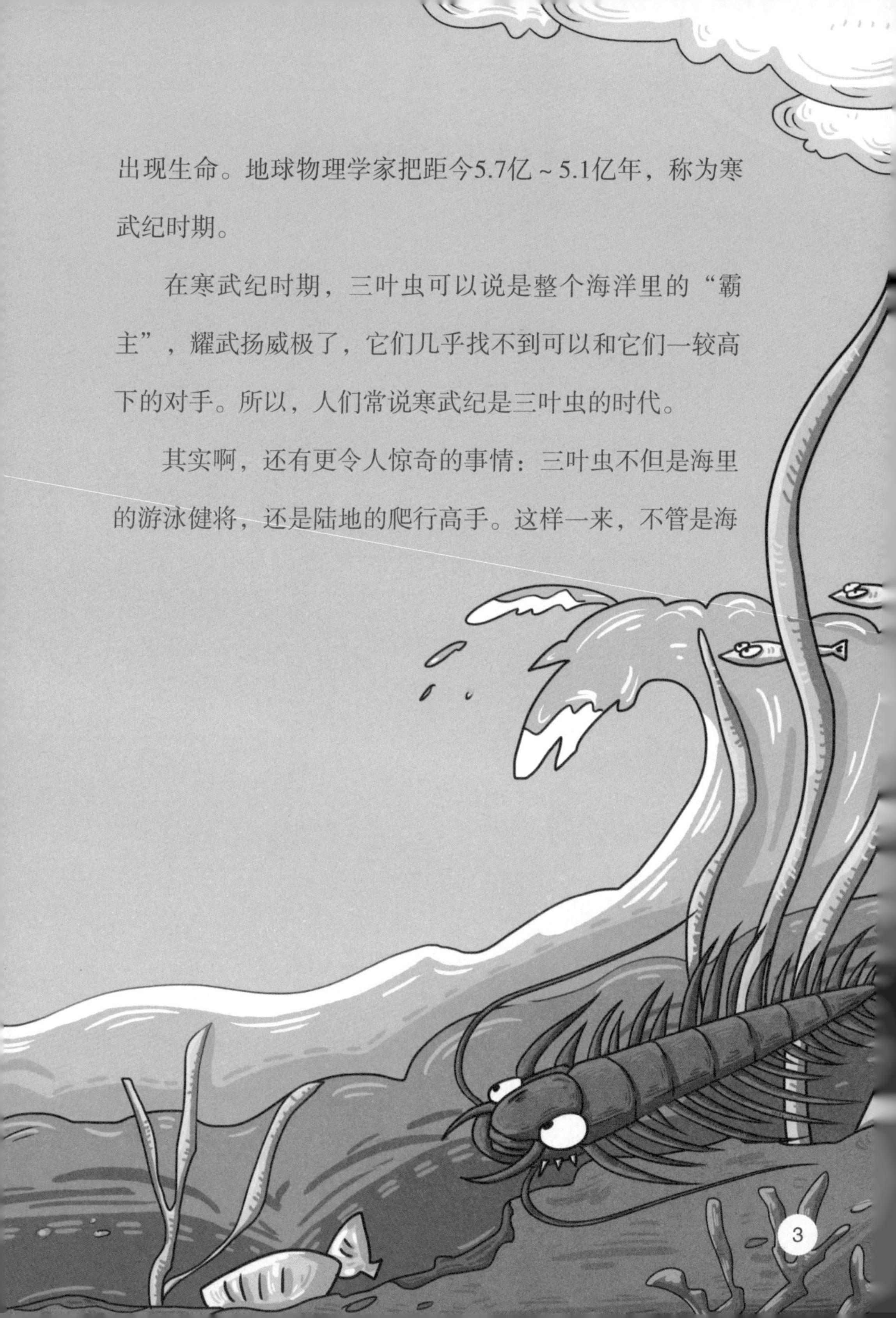

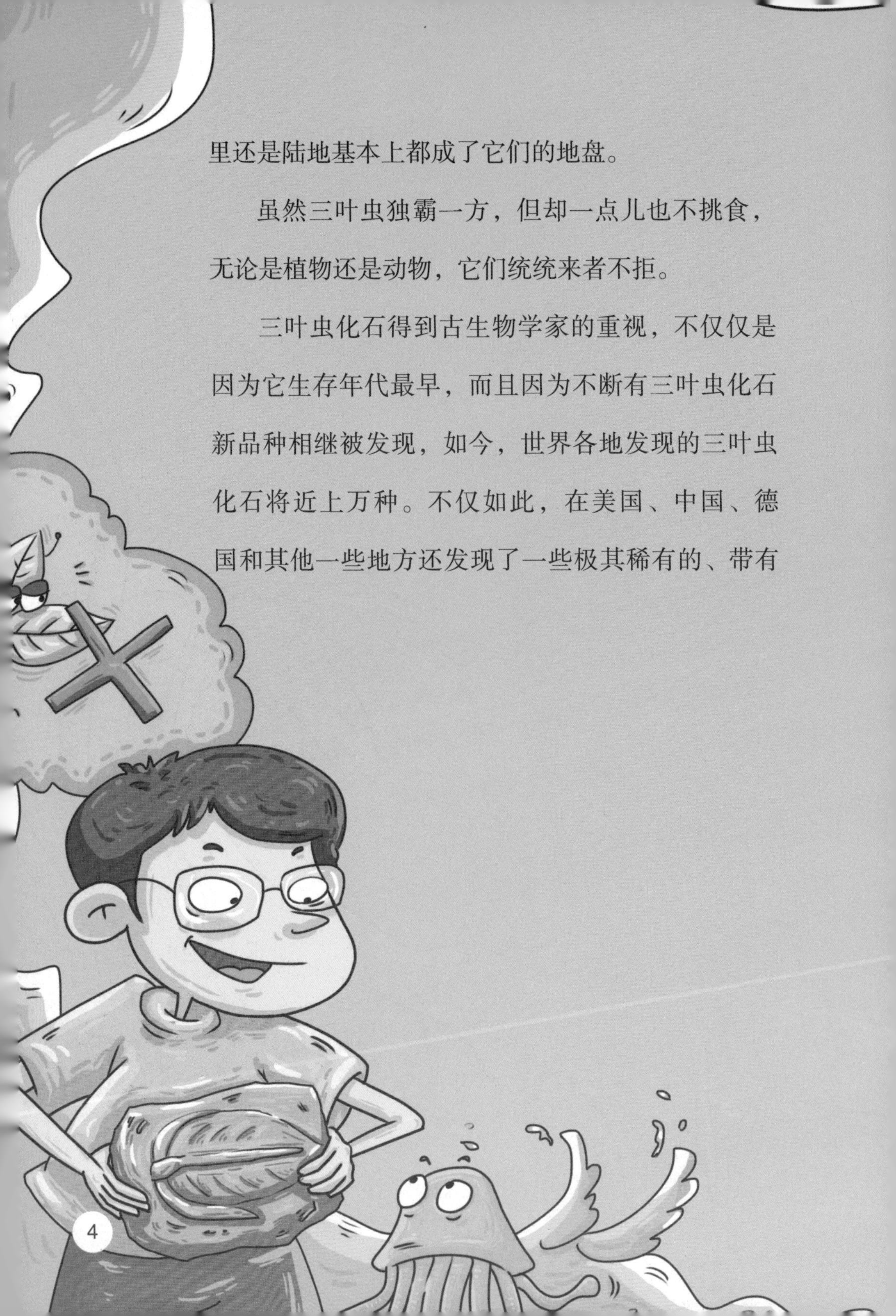

里还是陆地基本上都成了它们的地盘。

虽然三叶虫独霸一方，但却一点儿也不挑食，无论是植物还是动物，它们统统来者不拒。

三叶虫化石得到古生物学家的重视，不仅仅是因为它生存年代最早，而且因为不断有三叶虫化石新品种相继被发现，如今，世界各地发现的三叶虫化石将近上万种。不仅如此，在美国、中国、德国和其他一些地方还发现了一些极其稀有的、带有

三叶虫化石品种

我国的三叶虫化石是早古时代的重要化石之一，有着非常重要的意义，它是划分和对比寒武纪时期地层的一个重要依据。主要的三叶虫化石品种有以下几种：蝙蝠虫、四川虫、副四川虫、似栉壳虫(即湘西虫)、王冠虫、沟通虫。

软体部位的三叶虫化石，如足、鳃和触角的三叶虫化石。

现在，我们知道了，所谓的“三叶虫”根本不是长有三片叶子的虫子哟！而这种虫子在两亿五千万年以前就已经从地球上消失了。如果小朋友们想要看看三叶虫的“真面目”，就只能通过书本或者到博物馆去看化石啦！

没眼没嘴的“怪诞虫”，真囧啊！

小朋友，你见过没眼没嘴的虫子吗？

在人类还没有出现在地球上的时候，还真的有过这种没眼没嘴的怪虫子呢。20世纪初，古生物学家在加拿大的布尔吉斯页岩矿坑发现了看起来就像带刺毛的蠕虫。经过严谨的科学分析，搞清楚了这种虫子的体貌特征：这种虫

子的身体是管状，以7对长腿站立，背上长有7只触手。管状一端长有较大的球状物，看起来像是虫子的头部；但在球状物上没有发现眼睛和嘴巴。管状身体的另一端，长有1根细长的管子，卷曲于背部之上。

古生物学家觉得这种奇幻的生物“只有做梦才能梦到”，所以把它命名为“怪诞虫”。

在几亿年前的寒武纪，怪诞虫可是很有名气的动物哟！

这个长约0.5~3厘米的怪诞虫，身体又细又长，身体一侧长有一个水滴状的东西。

怪诞虫用刺状的步足在海底行走，同时挥舞着背上的7个触手。不仅如此，怪诞虫背上的那些触手上其实还长着嘴，用来吃食物。在怪诞虫身体的另一端还长有小触手，小触手后面的身体，是柔软的管状延伸物。

怪诞虫还有一个名字是“墨斯卡灵类幻觉怪兽”。“墨斯卡灵”是一种幻觉药，如此说来，这种生物就像幻觉里的东西一样，让人觉得稀奇。

远古时代的蜻蜓有这么大呀！

“小荷才露尖尖角，早有蜻蜓立上头。”这句诗，想必很多小朋友都读过吧。想象一下，夏日的草丛间、荷塘上，常有蜻蜓舒展着透明的翅膀，在空中飞来飞去。

“蜻蜓”是常见的一种昆虫。但有人说，有一种大蜻蜓，光翅膀长度就有75厘米，你会相信吗？

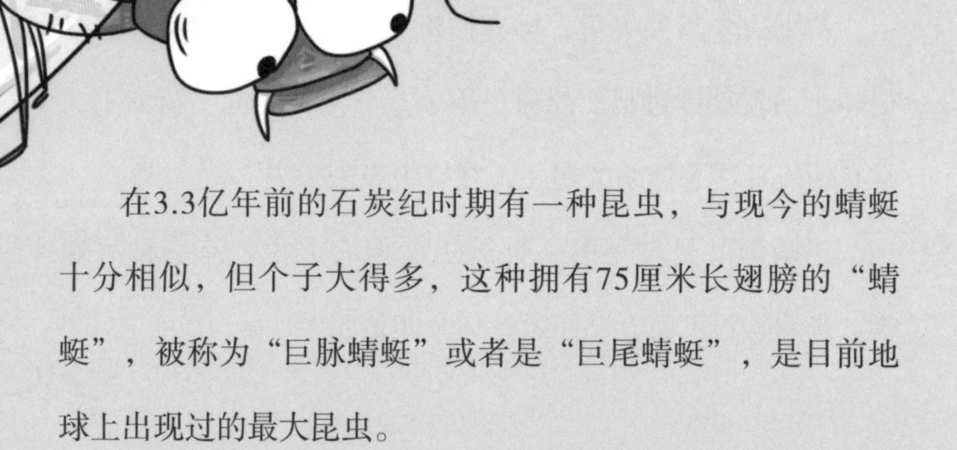

在3.3亿年前的石炭纪时期有一种昆虫，与现今的蜻蜓十分相似，但个子大得多，这种拥有75厘米长翅膀的“蜻蜓”，被称为“巨脉蜻蜓”或者是“巨尾蜻蜓”，是目前地球上出现过的最大昆虫。

石炭纪，地球上到处都是一片生机勃勃的绿色植被，空气清新，气候宜人。巨脉蜻蜓就在这种良好的自然条件下诞生啦。它们和我们现在常见的蜻蜓不同，巨脉蜻蜓的食物可

是一些小型的海陆两栖动物！

但是，很遗憾的是，在距今约2.5亿年前的二叠纪时期，这种蜻蜓就灭绝了。

可能很多小朋友都会感到疑惑，这种巨脉蜻蜓为什么能长这样大的体形呢？其实啊，这个问题一直以来都是科学家们争论的焦点，现在我们也无法获得一个准确的答案。

那么巨脉蜻蜓是怎么灭绝的呢？科学家们推断很有可能

是因为氧气含量的下降所导致的，因为当时氧气的浓度是35%，比现在的21%要高得多，所以在今天的环境下，巨脉蜻蜓是无法生存的。

如今想要一睹这种“蜻蜓”的“真容”，就只能到法国巴黎的法国国家自然历史博物馆去了。

恐角兽，你为什么这么笨？

我们知道，恐角兽是距今为止最早的大型哺乳动物。小朋友可以想象一下恐角兽是什么样子，是像大象一样巨大，还是像大犀牛一样有着犀利的角呢？

美国的尤因它兽是恐角兽中最著名的一种，它是在恐龙灭绝2000多万年之后，出现在陆地上的大型哺乳动物。据科

学家考证，尤因它兽体长4米，肩高1.6米，体重可达4.5吨，比白犀牛还要大一些呢！尤因它兽有些像犀牛，但它的大腿长、小腿短的这个特征，显示了它们与象族有密切的关系。看到这里，你是不是觉得恐角兽成“四不像”了？

事实上，恐角兽就是它自己，它谁也不像！恐角兽长着6只怪异的角，但有趣的是，它们的角都被皮肤覆盖了，就像鹿类的角。雄恐角兽还长着大獠牙，那獠牙长达30厘米呢！

不仅如此，恐角兽的下颌还伸出一对可容纳獠牙的护叶，这些体态特征使它们看上去面目可怖。在恐龙已

经灭绝的时期，恐角兽绝对是巨型动物。恐角兽如此庞大的体形，让其他动物都害怕它们，不敢欺负它们，因此，恐角兽便成了当时的“百兽之王”。

可令我们感到惊奇的是，号称“百兽之王”的恐角兽却是个傻乎乎的笨蛋。为什么会这样呢？因为恐角兽的脑容量很小。我们都知道，无论是人类还是动物，如果脑子不发达，智商就会低。而恐角兽的小脑袋也表明了它们的智商很低。现在我们知道了，面目狰狞的恐角兽原来是这么笨的。小朋友，你还会害怕它们吗？

鼻上有犄角的王雷兽

小朋友们经常会在动物园见到一些头上长着角的动物，像犀牛、梅花鹿等。那你们见过鼻子上长角的动物吗？大约在3000多万年前的北美洲，生活着一群体形巨大，且长得像犀牛的动物，考古学家们给它们译名为“王雷兽”。

它们是一种已经灭绝的哺乳动物。成年后的王雷兽肩高

可达2米多，鼻子上长着一个叉状的突出物——犄角。它们犄角的末端比较粗钝，可以用来撞击对方或抵御肉食动物的袭击。袭击者如果没有防御成功，往往会被撞得骨断腰折，甚至还会有生命危险。

王雷兽的头颅骨十分重，幸好有巨大的颈部肌肉来承托着，否则它们一定会感觉到很累。虽然头部压力很大，可是这并不妨碍王雷兽选择食物，因为它们很有可能长有肉唇和长舌头。

王雷兽化石的发现

美国的南达科他州和内布拉斯加州相继发现了大量的王雷兽化石。许多王雷兽的标本都是在一场大雨过后，被苏族印第安人发现的。事实上，从苏族印第安人所发现的王雷兽骨骼得知，大多数王雷兽都是被当时活跃的洛矶山脉火山爆发杀死的。

那么王雷兽是怎样灭绝的呢？据说当时活跃的洛矶山脉火山爆发，杀死了生活在那里的大部分王雷兽，而剩下的部分王雷兽，在进化的过程中也逐渐灭绝了。

箭齿兽，真是个大胃王啊！

在动物园中，我们经常可以看到那些外表看来特别温和忠厚的河马。可是，外表温和忠厚的河马要是发起火来可不得了，它们可以一下子咬死闯入它们领地的动物呢！那么，小朋友们知道河马的祖先是什么样子吗？

大约在距今300万~1万年前更新世时期的南美洲，生活着一群大如犀牛的哺乳动物，它们就是河马的祖先——箭齿兽。

达尔文曾经对这种动物感到十分惊奇，甚至认为它是综合了很多种动物的混合体：牙齿有点类似于啮齿类；眼睛的位置又和儒艮差不多；而身体部分又像是犀牛或者河马。但事实上，这些构造都是有着紧密联系的，箭齿兽是一种比较特殊的南方有蹄类动物，和我们所熟悉的奇蹄类、偶蹄类动物完全不同。

箭齿兽是当时南方有蹄类中最为庞大的成员。一只典型的成年箭齿兽身体长度在3米左右，身高可以达到1.8米。它们通常生活在沼泽中，以蒲苇等沼泽植物为食，且每天都要吃大量的植物来维持体

能，是一种大型植食性动物。

其实，箭齿兽给人的感觉就像是一头奇怪的犀牛。它们的头骨差不多占据了身长的三分之一，显得十分笨重。箭齿兽的眼窝并不大，视力也不怎么好，很可能和如今的犀牛一样，是个“近视眼”。箭齿兽之所以能够在绝大多数南方有蹄类动物灭绝后，仍然生活在南美洲的草原上，完全要归功于它们的牙齿。箭齿兽的牙齿没有牙根，可以一直生长下去，这和啮齿类动物很相似。这些牙齿是高冠齿，其中，比较发达的上门齿，起着剪切的作用，而下门齿则朝着前方的水平位置生长，就如同是一把铲子。箭齿兽依靠着先进的牙齿和灵活

的上唇，就算是吃比较坚硬的草，也不用担心牙齿会受到磨损，这远远要强于其他的南方有蹄类动物。

箭齿兽的身体躯干构造和先前的大型有蹄类动物差不多，它们同样有着桶状的身躯和发达的脊椎。除此之外，箭齿兽还有一个进步的地方，就是它们的大腿要比小腿长，十分适合支撑它们庞大的身体，但是，想要快速奔跑就比较困难了。

即便如此，一般的肉食性动物也不敢轻易去招惹箭齿兽，因为它们体形实在太大了。可是，体形巨大的箭齿兽却常常被小巧灵活的刃齿虎围攻杀死。后来，由于气候巨变，箭齿兽便在这种极端的气候中逐渐灭绝了。

背着重“壳”的雕齿兽

远古时期，有一种叫作“雕齿兽”的动物，它们被称为哺乳动物中的“铁甲武士”。

雕齿兽是食草性哺乳动物，最早出现在上新世时期的南美洲，200多万年前扩展到阿根廷、智利、乌拉圭和巴西等广大地带。一头成熟的雕齿兽身体长度大约为4米，背部最高可达2.5米，直径大于2米的坚硬的“盔甲”，保护着雕齿兽的

身躯。其实，雕齿兽的体形和大众的甲壳虫汽车非常相似。

雕齿兽和犰狳的关系十分密切。雕齿兽看起来有点像一只长着长长尾巴的大海龟，样子有趣极了。但是它们可不好惹，其圆圆的甲壳是由超过1000个1寸厚的骨板组成的，1米多长的管状尾巴的末端长有角质化的刺，就像是一条带刺的巨型棍棒，可以起到保护自己的作用。

这样一来，不管是多么凶猛的动物，都休想欺负到雕齿兽。

1839年，英国的古生物学家理查德·欧文正式将它命名为“雕齿兽”。很多人在第一次见到雕齿兽的化石时，就会

称呼它为“大乌龟”或者“大金龟车”，这种理解是错误的。

其实，雕齿兽只是身上背负着看起来像是“壳”的外表。这种壳与肋骨形成的龟壳不同，雕齿兽的甲壳与骨骼结构无关，只是在体表角质化的硬皮上，镶嵌着的无数大小不一的六角形骨质鳞片。这些鳞片形成了3~5厘米厚的硬壳，硬壳下面还有一层脂肪。这种鳞甲不仅刀枪不入，而且能将整个身体形成化石，并保存下来。雕齿兽的四肢虽然又粗又短，但是非常强壮。另外，它们的前脚和后脚各不相同，前脚的爪子可以用来抓土，后脚的形状则有点像蹄形。这种结构使它们只能一步步地缓慢移动，难以快速奔跑。雕齿兽的头颅同样被鳞甲覆盖，上下颌两侧各有7~8颗终生生长的拱形臼齿。这些臼齿上有一条条的深沟，如同雕刻出来的一般，这也是它们名为雕齿兽的原因。

遗憾的是，大约在上万年前，随着冰河期的结束和人类进入南美洲，雕齿兽迅速走向衰亡。到大约8000多年前，雕齿兽就已经完全从地球上消失了。

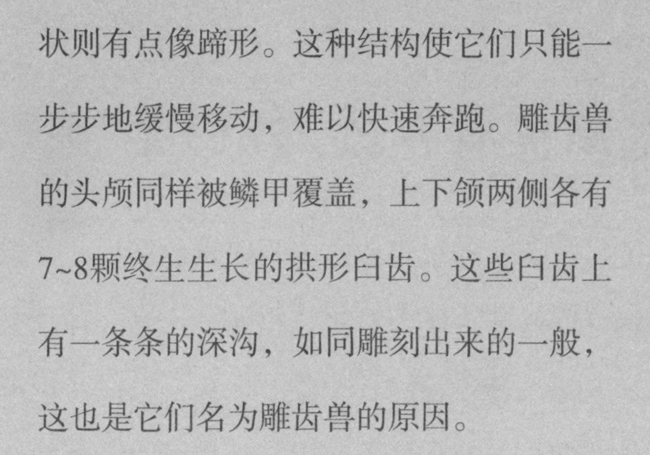

石爪兽有无敌“铁砂掌”

我们常在武侠剧里看到武林高手练成铁砂掌后，变得好厉害，一掌就可以劈开一块大石头。当然，这是一种艺术夸张，很少有人会相信这是真的。不过，人通过训练，可以提高徒手格斗的本领，倒是不争的事实。

但是，小朋友们知道吗，在1200多万年前的中新世时期，在北美洲中部和南部地区，生活着一群名叫石爪兽的大型动物，它们就拥有一双形状像石头一样，堪称“铁砂掌”

的爪子，也是因此，它们才被命名为“石爪兽”。

大型石爪兽体重约130千克，它们是马的“远房亲戚”。所以，石爪兽也是正儿八经的食草性动物，它们的爪子既可以用来挖掘植物，也可以用来保护自己。

石爪兽的长相可以说是非常奇特，就像是由各种各样不同的动物拼凑而成。首先，它们的头部很像马，然后，脖子像长颈鹿，整个身体则像熊。石爪兽前肢比后肢长，背部沿臀腰部倾斜而下。因为它们是低齿冠动物：后臼齿大、前臼齿小，所以，可能更适合吃植物的块茎。

变成著名品牌的石爪兽

到了今天，笨笨的石爪兽摇身一变，还有了一个英文名，叫作Moropus。这是一个来自加拿大的有名的户外品牌。其中最出名的莫过于户外羽绒服。

虽然，石爪兽在走路的时候非常笨拙，但是却很顺畅，这就要归功于它们宽大的后脚和特殊的爪子。另外，石爪兽也可以用后脚支撑着身体，直立起来去吃高树上的叶子。和许许多多的古生物一样，在自然界不断地进化中，石爪兽最后也消失了。

雷塞兽好像狼耶

提到狼，很多小朋友都会被它凶狠的样子给吓到。你知道一种叫作“雷塞兽”的史前动物吗？它长得非常像狼，遗憾的是，这种动物早就已经灭绝了。

雷塞兽，又被称为“狼面兽”，意思就是它长着一副狼

的面孔。雷塞兽是一种长有长腿的小型肉食动物，头颅骨长为20多厘米，身长大约有1.7米，差不多是一个成年人的身高。和现在的狼一样，雷塞兽也有非常修长的头颅骨，上下颌分别有一对犬齿。这些尖尖的犬齿非常厉害，能很容易地刺穿并撕下许多大型猎物的肌肉。另外，一些小型的脊椎动物，如罗伯特兽和小头兽都是雷塞兽口中的美食。

实际上，雷塞兽是用接近直立的长四肢进行行走和奔跑

的。可是，直立的四肢是只有在哺乳类动物的身上才有的特征。雷塞兽的移动方式和哺乳类非常相似，这让它们在猎食陆地上的脊椎动物时，非常有优势。

小朋友们，如果想要进一步了解雷塞兽，可以到博物馆去看看它们的化石。

星尾兽的尾巴好可怕哟！

大约在更新世时期至冰河时期末的南美洲，生活着一群长相奇怪的家伙，科学家们给它们命名为“星尾兽”。

星尾兽的外形看起来有点像今天的乌龟，因为它有大而圆的甲壳。那么，它的甲壳是不是和乌龟的一样呢？星尾兽的大甲壳最初可能比较像现代犰狳的壳，而不是龟壳。这种大甲壳是由许许多多

个小甲片组成的，周围比较有弹性。由于这些小甲片并没有融合在一起，所以，看起来就像是甲壳。

星尾兽身高大约为1.5米，整体长度约3.6米。它的尾巴是坚硬的骨头，少数雄性星尾兽的尾巴末端有长棘。什么是棘呢？小朋友们都见过刺猬吧，其实就和刺猬身上的刺一样！雄性星尾兽的尾巴就长着类似于刺猬那样的倒刺，也称长棘，被它们的尾巴扫到的话，可是一件很痛苦的事情。

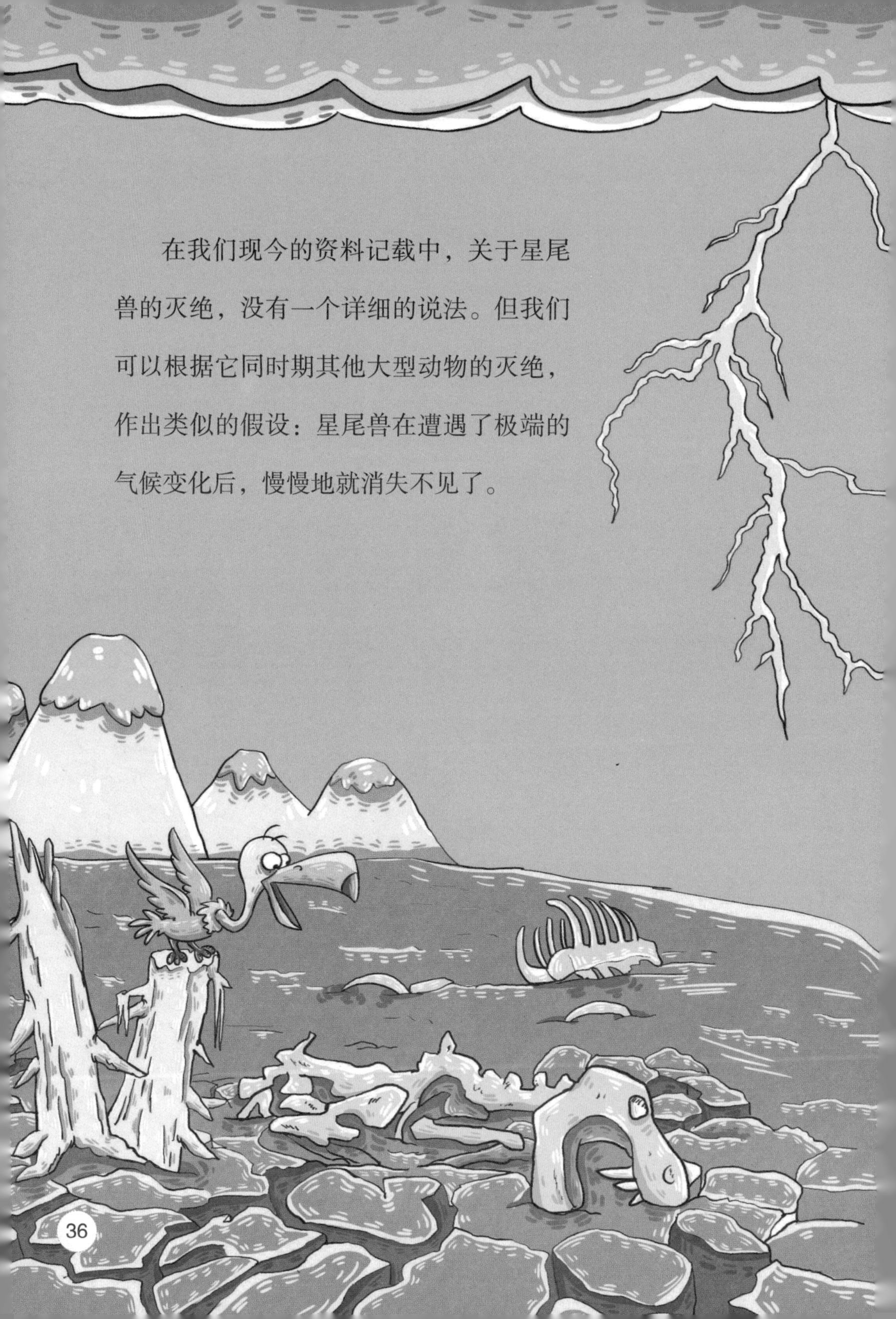

在我们现今的资料记载中，关于星尾兽的灭绝，没有一个详细的说法。但我们可以根据它同时期其他大型动物的灭绝，作出类似的假设：星尾兽在遭遇了极端的气候变化后，慢慢地就消失不见了。

李逵看到碳兽也会哭的！

小朋友们，你们听说过一种叫碳兽的动物吗？要知道，这种动物可不简单呢！

在距今4000万~250万年前的漫长岁月里，形形色色的碳兽类一直生活于亚欧大陆、非洲和北美洲的广大地区，目前已经确定的演化种类就多达37个。

它们为什么会被命名为“碳兽”呢？这是因为它们的化石遗骸最早是在欧洲第三纪的褐煤床

被发现的。碳兽又被称为“石炭兽”，是已经灭绝的哺乳动物。碳兽的主要特征就是有着44颗牙齿，并且每颗牙齿上面的臼齿都有5个半新月形的齿冠。碳兽主要生活在2300万年前的欧洲、亚洲和北美洲，直到中新世中期至晚期才逐渐消失。

其实，碳兽在很多地方都和现在的河马相似，特别是下颌骨。根据研究表明：碳兽很有可能和鲸鱼的祖先有着一定的联系，并且极有可能就是河马的祖先。

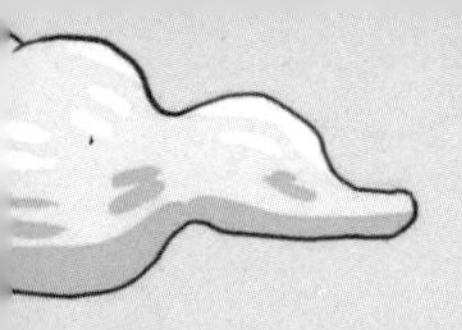

在亚欧大陆南部和非洲，碳兽似乎拥有着更多的生活空间。在上新世早期的动物群落中，它们和三趾马、脊棱齿象等共同成为了水泽地形的标志性动物。

有意思的是，当真正的河马出现以后，碳兽并没有完全从地球上消失，它们二者还在陆地上共同生活了数百万年，并且互相成为了主要的竞争对手。

例如，在巴基斯坦距今900万年前的地层中，科学家们就曾同时发现，碳兽的骨骼化石和同时期生存的早期河马类——西瓦六齿河马的骨骼化石相似。对它们的头

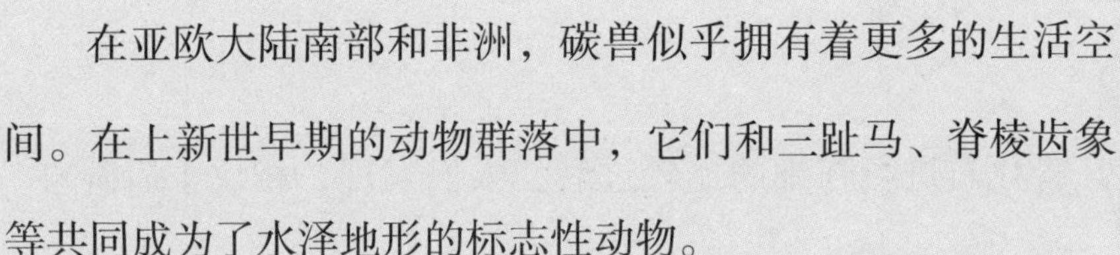

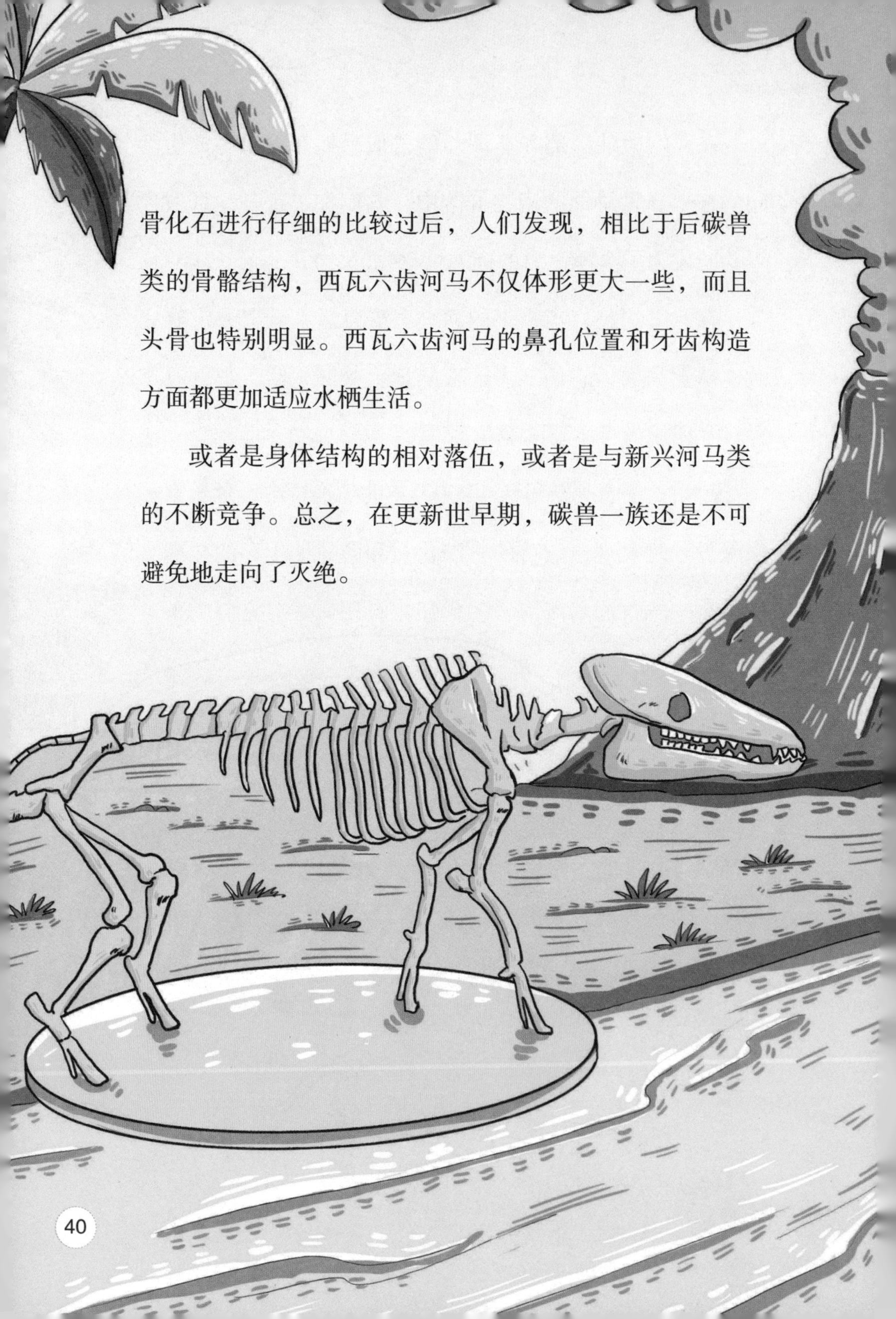

骨化石进行仔细的比较过后，人们发现，相比于后碳兽类的骨骼结构，西瓦六齿河马不仅体形更大一些，而且头骨也特别明显。西瓦六齿河马的鼻孔位置和牙齿构造方面都更加适应水栖生活。

或者是身体结构的相对落伍，或者是与新兴河马类的不断竞争。总之，在更新世早期，碳兽一族还是不可避免地走向了灭绝。

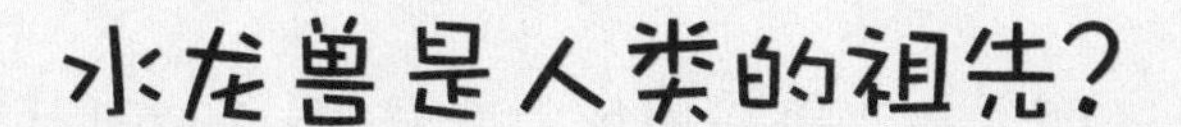

水龙兽是人类的祖先？

我们都知道，人类的祖先是猿人。那么，猿人的祖先又是谁呢？今天我们来了解一下，人类最早的祖先到底是谁。

约2亿年前的三叠纪初期，生活着一群哺乳类动物叫作“水龙兽”。水龙兽是已知的最早的哺乳动物，它们通常被当作“大陆漂移说”的有力证据，证明在2亿年前，各大陆是相互连接着的。不仅如此，水龙兽还被许多科学家认为是地球上所有哺乳类动

物的祖先，因此也可以说是人类的祖先。

很久之前，水龙兽在地球上非常繁盛。它们的足迹遍及地球的多个角落，包括南非、中国、印度和俄罗斯等地。水龙兽长约1米，大小与现在的成年狗差不多。水龙兽长着猪一样的长嘴，最明显的特点是上颌。这个相当于犬齿的部位生着一对长牙，除了长牙外就没有其他牙齿了。

除此之外，和其他异齿兽相比，水龙兽的头骨构造还非常特别。它的眼眶位置很高，一直到达头顶位置，

幸运的水龙兽

英国科学家表示，生活在距今2.6亿年前的水龙兽，曾是整个地球的霸主。科学家还表示，在“水龙兽时代”到来之前，地球上还曾遭遇过一次生物灭绝的大灾难，绝大部分的地球生物在一系列的火山爆发中灭绝了，但是水龙兽却非常幸运地生存了下来，随后又在地球上度过了至少100万年没有任何天敌和掠食者的“幸福生活”。

眼眶前面的脸部也不像其他类群那样向前伸，而是折向下方，从而使得脸面和头顶之间形成一个夹角，这个夹角有时可以达到90度。同时，鼻孔的位置也移动到眼眶下面。

水龙兽在地球上逍遥自在地生活了数百万年，然后就悄无声息地彻底消失了。

关于它的灭绝，有科学家指出，是因为二叠纪末期环境的剧烈变化，造成了生物的大灭绝。当然，水龙兽也没能幸免于难。

适应能力超强的后弓兽！

如果我们单看这个史前动物的名字——弓兽，有没有小朋友觉得它可能是一种后腿弯起来像弓一样的动物呢？答案可是错误的哟！

举世闻名的“进化论”提出者达尔文，曾经在1834年采到了一件动物的脚部化石，然后他把这块化石和自己在南美洲等地采集到的许多化石，都交给了他的同胞理查德·欧

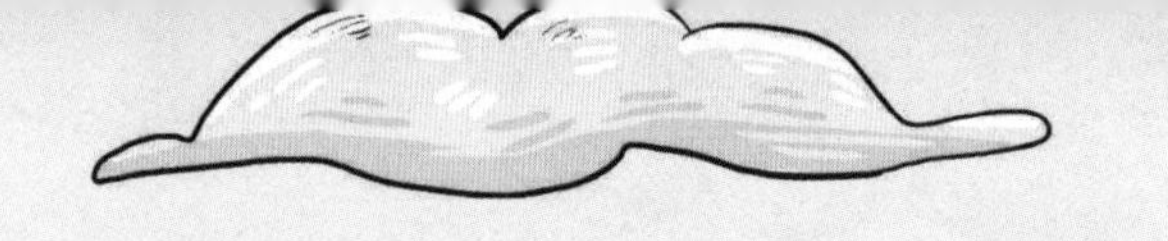
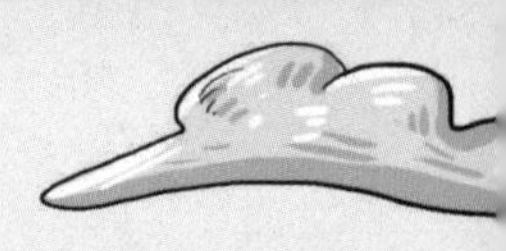

文。后来，经过欧文的描述和发表，古生物界才开始意识到，这种动物可能代表了一个与以往有蹄类动物完全不同的古老家族，这个化石就是弓兽的化石。从此，科学家们便展开了对弓兽的研究。

弓兽生活在距今100多万年前的更新世时期，主要生活在南美洲一带。

弓兽又有许多分支，其中最大的一个分支就是更新世时期的巴塔哥尼亚后弓兽。已成年的后弓兽身长超过3米，身高几乎也接近3米。它们的体形非常像现代的骆驼，虽然后弓兽长得和骆驼很像，但其骨骼构造和骆驼却完全不同。

事实上，后弓兽的生活习性和马、骆驼等很接近。在躯体构

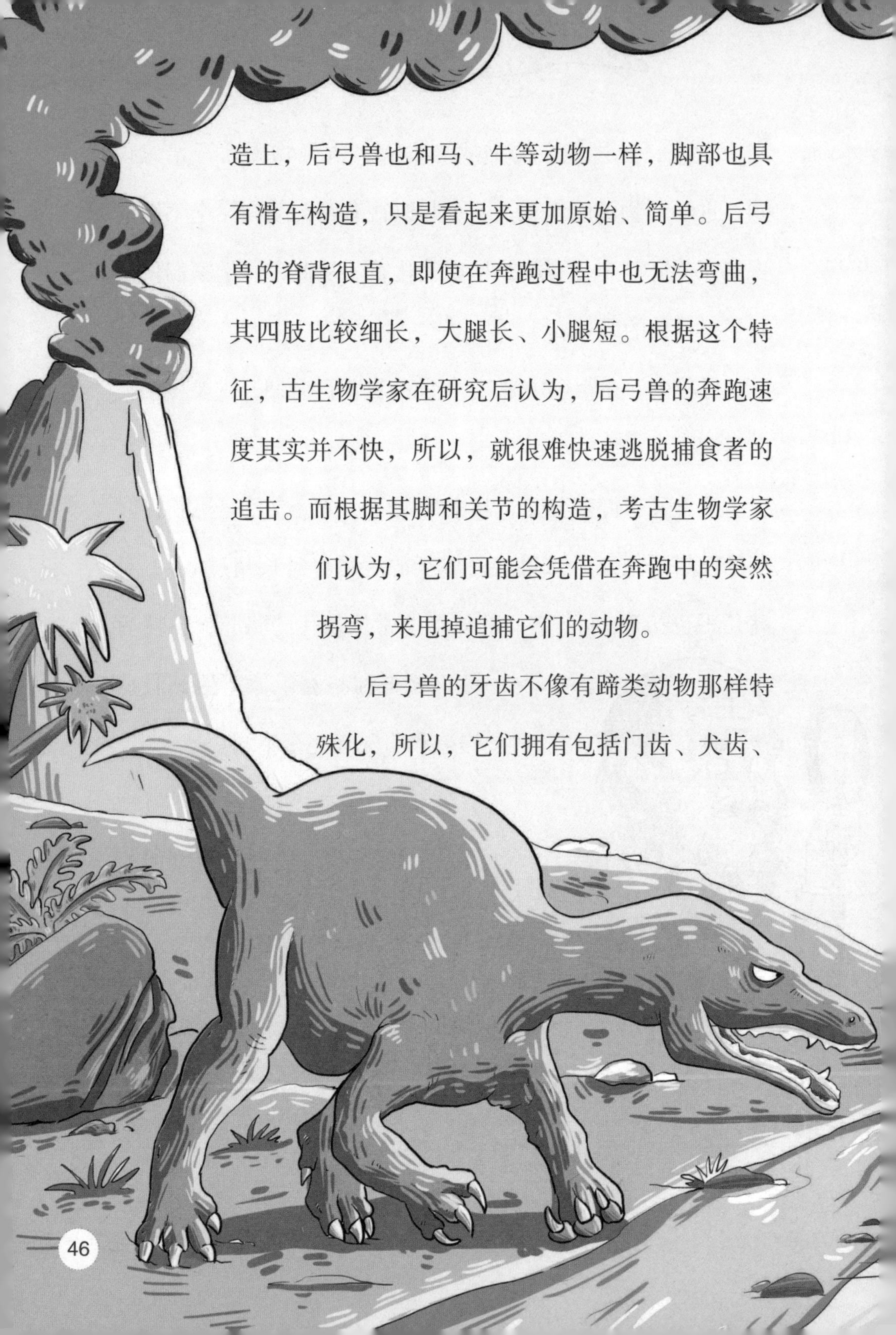

造上，后弓兽也和马、牛等动物一样，脚部也具有滑车构造，只是看起来更加原始、简单。后弓兽的脊背很直，即使在奔跑过程中也无法弯曲，其四肢比较细长，大腿长、小腿短。根据这个特征，古生物学家在研究后认为，后弓兽的奔跑速度其实并不快，所以，就很难快速逃脱捕食者的追击。而根据其脚和关节的构造，考古生物学家们认为，它们可能会凭借在奔跑中的突然拐弯，来甩掉追捕它们的动物。

后弓兽的牙齿不像有蹄类动物那样特殊化，所以，它们拥有包括门齿、犬齿、

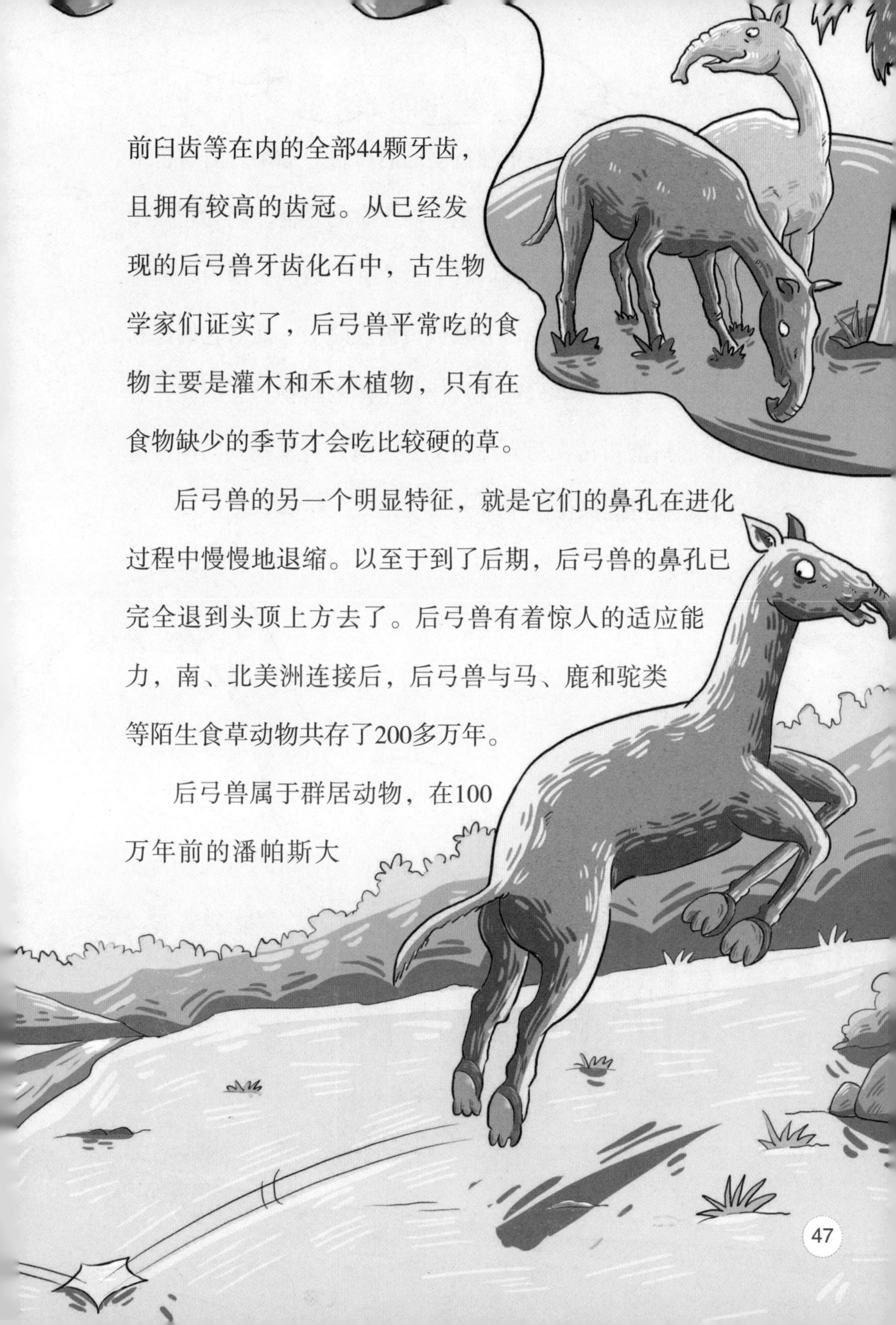

前臼齿等在内的全部44颗牙齿，且拥有较高的齿冠。从已经发现的后弓兽牙齿化石中，古生物学家们证实了，后弓兽平常吃的食物主要是灌木和禾木植物，只有在食物缺少的季节才会吃比较硬的草。

后弓兽的另一个明显特征，就是它们的鼻孔在进化过程中慢慢地退缩。以至于到了后期，后弓兽的鼻孔已完全退到头顶上方去了。后弓兽有着惊人的适应能力，南、北美洲连接后，后弓兽与马、鹿和驼类等陌生食草动物共存了200多万年。

后弓兽属于群居动物，在100万年前的潘帕斯大草原上，很少能看到单独行动的后弓兽。如果有后弓兽不幸偏离了队伍，那这可真是一件不幸的事情，因为它很快就会被大型肉食性动物们盯上，比如刃齿虎。因为，后弓兽的奔跑速度并不快，一旦被刃齿虎盯上，面对它们锋利的长牙，后弓兽就只能成为任其宰割的猎物了。因此，后弓兽们只能祈祷在刃齿虎追上来之前，赶紧找到同伴，这样，才有可能保住性命。

在古生物界，很多已经灭绝的史前动物，都有一个明确或者模糊的灭绝原因。但对于后弓兽的灭绝，却没有得到结论。因为，后弓兽类在剧烈改变的环境中，以及在与其他有蹄类动物的竞争中，都成功幸存下来。既然它们有着如此强的适应能力，为什么还会在更新世时期灭绝了呢？同样感到很困惑的古生物学家们，暂时还无法解释这一切。小朋友们，或许有一天，读这本书的你能解开这个谜呢！

反应迟钝的焦兽

在渐新世时期的南美洲，曾经生活着一些身材健硕、样貌奇特的巨型南方有蹄类动物。这些动物似乎都是突然出现又突然灭绝的。到现在，人类对它们演化过程的研究都没有任何进展和结论，这其中就包括奇怪的焦兽。焦兽的化石是在火山灰中被发现的，因此，被命名为“焦兽”。“焦兽”是火中的野兽的

意思，它们的化石只在南美洲才有。

从化石中，古生物学家们了解到，焦兽的头颅非常粗壮，长达60厘米。成年焦兽的身长有可能超过3米，在它们上颌的两侧各有2颗因上门齿增大突出而形成的长牙，同时，鼻孔在进化过程中退缩到了眼睛后面。通过这个特征，古生物学家们指出，它们很可能也拥有一条类似大象的长鼻。它们的颊齿很大，却不耐磨损，其形态接近早期的象类。因为这些特征，科学家们最初曾把它们看作是和长鼻类有着亲密关系的动物。

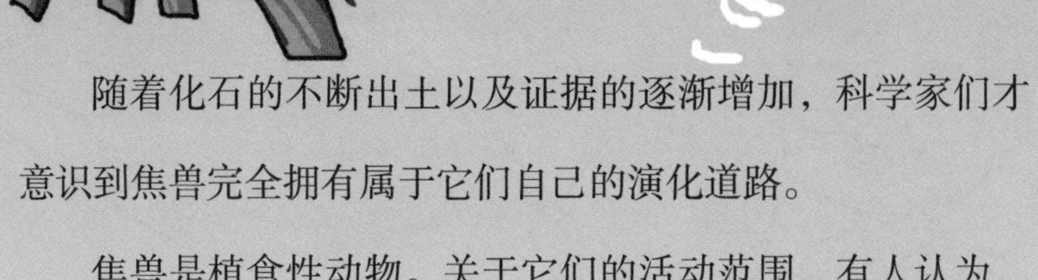

随着化石的不断出土以及证据的逐渐增加，科学家们才意识到焦兽完全拥有属于它们自己的演化道路。

焦兽是植食性动物。关于它们的活动范围，有人认为，它们是在森林边缘或稀树草原上生活的动物。之所以得出这个依据，是因为它们形态特殊的门齿。焦兽的门齿像切刀一样，可以在长鼻的配合下轻松地扯下植物的叶子。另外，焦兽的牙齿磨损不多，这说明它们主要咀嚼柔软的树叶而不是

较硬的草。同时，焦兽拥有短粗的身躯和四肢。但又有人认为，焦兽可能像现在的非洲象一样，漫游在南美洲的稀树草原上，而到了比较干旱的季节，它们就会迁徙到森林更茂密的地方生活，这是根据它们的体态更适合在河流、湖泊周围活动，习性可能接近河马的特征而得出的结论。

比较肯定的结论是焦兽们有着原始的大脑和笨重的身体，以及缓慢的步伐，这些都说明它们是一种迟钝的动物。而在抵御外敌侵害时，它们就只能凭借自己庞大的身躯了。比较幸运的是，当时的南美洲，各种肉食动物的个头都比焦兽小多了，肉食动物们最多只能捕获它们中间的“老幼病残”，对于健壮的成年焦兽，就只能望洋兴叹了。

焦兽是群居动物，常常成群结队地在原野上横冲直撞，它们可以肆无忌惮地去想去的任何地方，吃它们想吃的任何食物。

焦兽大约在渐新世后期就灭绝了。考古学家说，可能是因为渐新世后期，气候变得越来越干燥，同时期的许多大型动物，如巨犀等都被淘汰了，再加上南美洲草原上的树木、灌木逐渐减少，失去食物的焦兽们，也就慢慢被淘汰了！

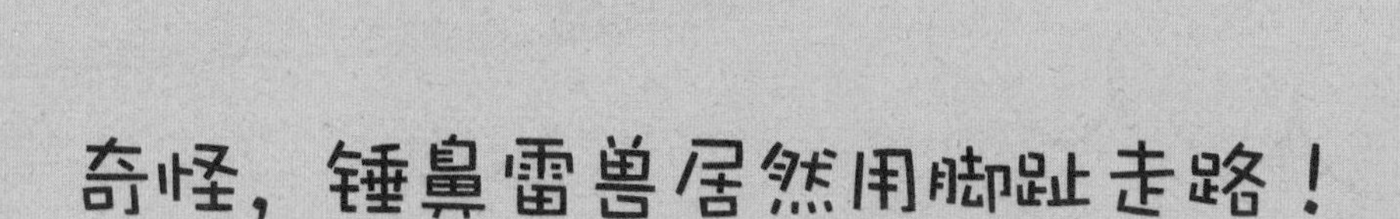

奇怪，锤鼻雷兽居然用脚趾走路！

“锤鼻雷兽”，小朋友们在看到这个名字时，是不是会想象：这种动物的鼻子是不是很长呀？下面就让我们一起走近这个庞然大物吧！

锤鼻雷兽出现在始新世末期（距今约5300万~3650万年）的亚洲地带。它们是植食性动物，体形特别大，和亚洲象差不多，身长一般在5~6米，身高2.5米左右。

锤鼻雷兽确实长得比较奇怪，它们的整个脑袋几乎占了体长的四分之一以上，让人感到惊奇的是，它们的脑容量却只有一个橘子那么大。锤鼻雷兽的脸部很短，眼睛和大脑的位置非常靠前，同时头骨后部极度延长，以便提供更多的地

方附着肌肉。它们的鼻骨硕大加长，且非常明显地向前上方抬起，远远看起来很像一只角。最初的时候，古生物学家们都惊讶于它们居然拥有这么大的“角”。所以，在那个时期，古生物学家都将它们称为“大角雷兽”。

后来，随着锤鼻雷兽化石的不断出土，科学家们最终证实，锤鼻雷兽真正的角已经退化，这种鼻骨虽然外形看起来像角，但是在猛烈撞击的时候很容易碎裂并造成非常大的痛苦，完全没有办法成为一件有力的武器。最后，科学家们才界定那是它们的鼻子。

中国古生物学家们认为，锤鼻雷兽是一种生活在沼泽地区的动物。因为他们觉得，锤鼻雷兽的外鼻孔很可能位于鼻

骨前方扩大的鼻腔内。这样，空气就可以从外鼻孔直接进入鼻腔，当它们在饮水的时候，外鼻孔就可以保持在水面之上，保持呼吸畅通。锤鼻雷兽的臼齿虽然看起来很大，但是却非常原始，这也是它们在进化中一直保留的特征。因此，锤鼻雷兽不能吃坚硬的草类植物，只能吃那些柔软的水生植物或多汁的灌木、树叶等。

从身体结构来看，锤鼻雷兽和它们的名字就完全地背道而驰了。首先，它们的骨骼非常笨重，肢骨结构呈现大腿长、小腿短的样式。虽然这能够支撑起它们笨重的身体，但

只能缓慢而沉稳地步行，快步行走很容易让它们产生疲劳感。因此，它们更加不可能像犀牛一样，相互追逐乃至驱赶猛兽了。

其次，让我们更加意想不到的是锤鼻雷兽并不是用蹄子来走路的，而是用脚趾。它们前后肢上的脚趾都非常发达，且脚掌着地面积大，能承受很大的压力。但因为锤鼻雷兽的

身体骨骼缺少大型动物直立时所需要的支撑结构，站立时需要完全依靠肌肉而不是骨骼结构来支撑身体，所以它们不能长时间运动。由于行走时给肌肉造成了很大的负担，锤鼻雷兽便需要经常趴卧或者躺下休息。了解了这一点，你是不是也发现，过分庞大的身体对动物来说也是一项负担。

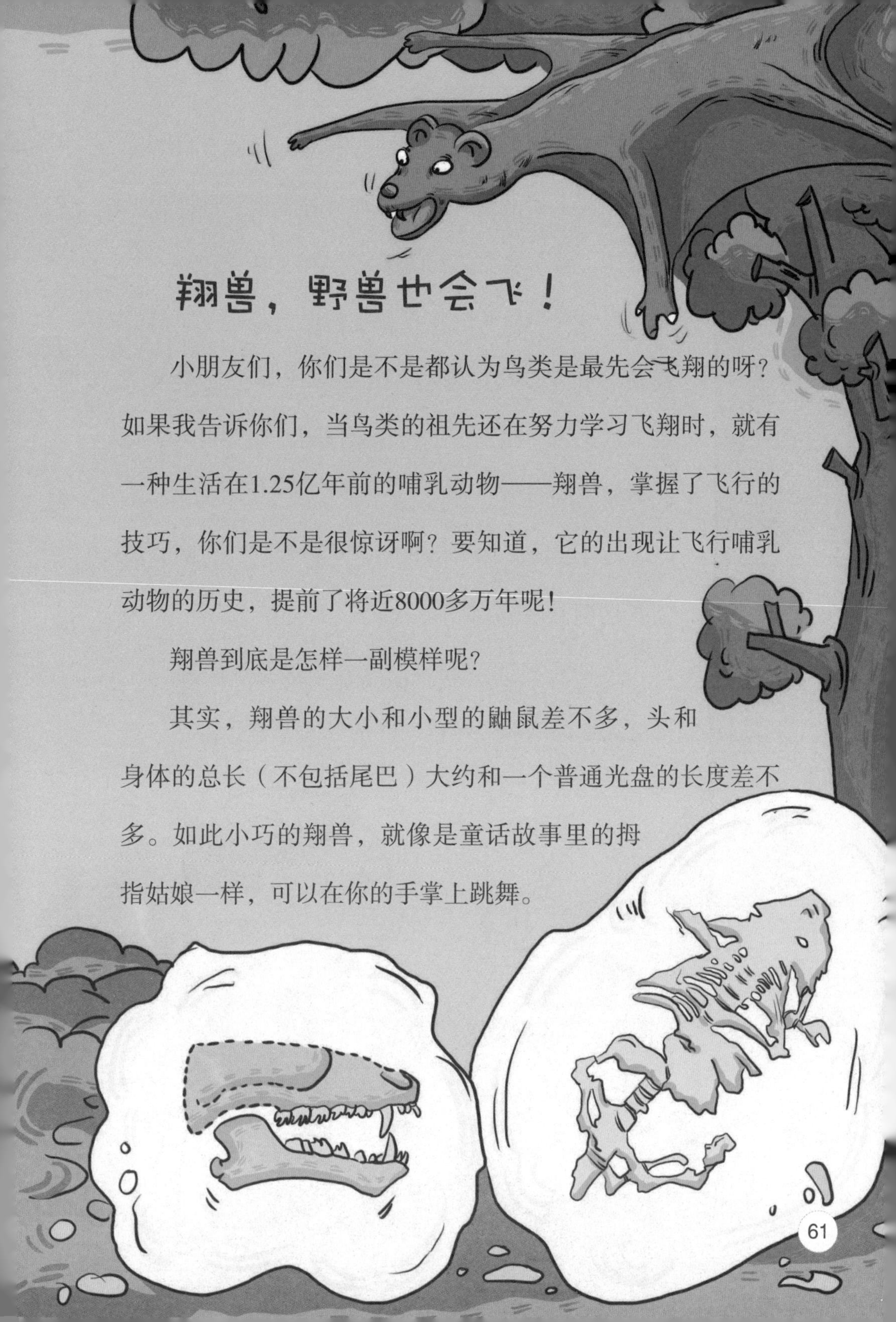

翔兽，野兽也会飞！

小朋友们，你们是不是都认为鸟类是最先会飞翔的呀？如果我告诉你们，当鸟类的祖先还在努力学习飞翔时，就有一种生活在1.25亿年前的哺乳动物——翔兽，掌握了飞行的技巧，你们是不是很惊讶啊？要知道，它的出现让飞行哺乳动物的历史，提前了将近8000多万年呢！

翔兽到底是怎样一副模样呢？

其实，翔兽的大小和小型的鼬鼠差不多，头和身体的总长（不包括尾巴）大约和一个普通光盘的长度差不多。如此小巧的翔兽，就像是童话故事里的拇指姑娘一样，可以在你的手掌上跳舞。

此外，翔兽的小脑袋约为35毫米，体重大约为70克，差不多就是12枚一元硬币的重量，这样轻盈的身体，就不会在飞行时给它带来压力了。

翔兽最为显著的特点就是它保持着非常完美的翼膜。和它较小的身体相比，翼膜显得要更大一些，也正是如此，古生物学家推测，翔兽很可能有较强的滑翔能力。

另外，通过翔兽的化石还可以发现，它的翼膜是直接附在手掌和脚掌上的，并连接着尾巴和颈部，主要是靠四肢和尾巴支撑，整张翼膜连为一体。翔兽的后肢和尾巴之间的翼膜非常有意思，它

的膜是多层结构的，这就说明它是紧绷在腿尾之间，且还有着一定的柔韧性，降落之后可以折叠收起。

翔兽是一种树栖动物。在日常的生活中，如果它想要攀爬，就会把翼膜折叠起来收入到躯体里；如果想要滑翔，它就会从树木的高处用力跃出去，先用后肢把整个身体弹起来，紧接着伸开四肢，迅速张开连接四肢的翼膜，向目的地滑去。除了收放自如的翼膜，翔兽还有一条又扁又平的尾巴，这样的尾巴可以让它在滑翔中保持身体的稳定和平衡。

翔兽平时都吃些什么呢？根据古生物学家的研究，翔兽主要是靠食用小昆虫为生的。介绍到这里，你会不会认为，

翔兽其实就等同于现代的鼯鼠（鼯鼠也称飞鼠，形似松鼠。模样和翔兽十分相似的鼯鼠，现已成为许多小女生最爱的口袋宠物了。鼯鼠们有着圆圆的大眼睛和粉红色的小鼻头，它们不但活泼好动，而且还会飞天漫舞，深受主人的喜爱）？

如果你这样认为，那可就错了，因为翔兽在许多方面都要比鼯鼠原始很多。例如，翔兽手脚的对握能力不太好，没办法做到像鼯鼠强有力的四肢那样随心所欲。另

酷似翔兽的“口袋宠物”

模样那么可爱、小巧的鼯鼠要如何饲养呢？其实鼯鼠的人工饲养方法主要有四种：室养、箱养、笼养和窖养。小朋友们可以根据自己的条件和喜好，选择最合适的饲养方式。鼯鼠基本上是一个素食主义者，很少吃肉，它们最爱吃的美味是含油脂多的坚果和嫩叶。

外，鼯鼠在滑翔降落的时候，都是头部向上抬起，身体呈垂直状态，然后利用前肢抓住树干；翔兽在降落的时候也是这个姿势，只是它的腿不能像鼯鼠那样放在身下，而是后肢向外伸展，身体较为贴近树干。

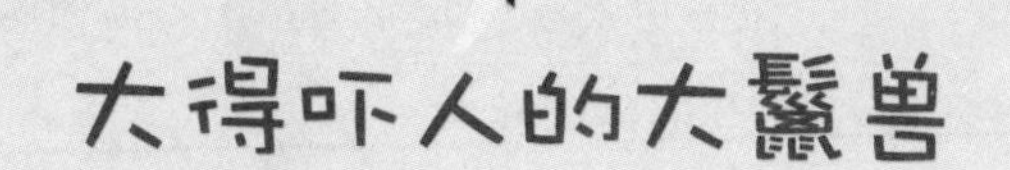

大得吓人的大鬣兽

当我们看到这个名字笔画繁复的史前动物——鬣兽时，是不是马上会在脑海中，模糊地浮现一个庞大的身躯呢？接下来就让我们一起来了解一下这个大家伙吧！

1973年，著名古生物学家罗伯特·萨维奇教授，在埃及和利比亚边境附近，发现了一枚大鬣兽化石，仅仅头骨就有1米长。

大鬣兽生活在距今约2400万~1500万年的中新世时期，主要分布在北非的埃及、利比亚，它是一种体形巨大的肉食性动物。根据出土的化石推测，它们身长4米，体重在800千克左右，所以被命名为“大鬣兽”。

在古生物学界，关于大鬣兽到底是腐食或杂食为主的动物还是积极的猎食者，科学家们一直有着不同的意见。持前一种观点的学者认为，在很久之前的中新世时期的非洲北部，有种类繁多的动

物资源，导致肉食动物的种类和数量也极大地增加。大鬣兽主要靠抢夺其他类猛兽的猎物或腐尸为食。而正是对猎物和领地的激烈争夺，催生出了大鬣兽大得离谱的身材。

但反对方又提出不一样的观点。从大鬣兽的巨大身躯来看，虽然它们不是行动敏捷、善于追击的猎手，但其巨大的双颌及牙齿的咬力却十分惊人，前肢的力量也相当惊人。从这些依据来看，大鬣兽也许能成为积极的捕食者呢！

然而，作为古老肉齿类动物的最后辉煌，大鬣兽生存在一个大型食草动物、大型肉食动物相继出现的年代。在当时的北非原野上，茂密的热带森林还有着相当大的面积。大鬣兽像它的祖先们一样，保持着固有的伏击战术。在它们生活的后期，非洲同期出现了巴博剑齿虎、犬熊类和鬣狗类，它们与大鬣兽之间，开始了大争霸的局面，残酷的竞争导致各类植食性动物向两个方向演化：要么行动更迅速，要么体形更趋庞大，让别的动物望而生畏。

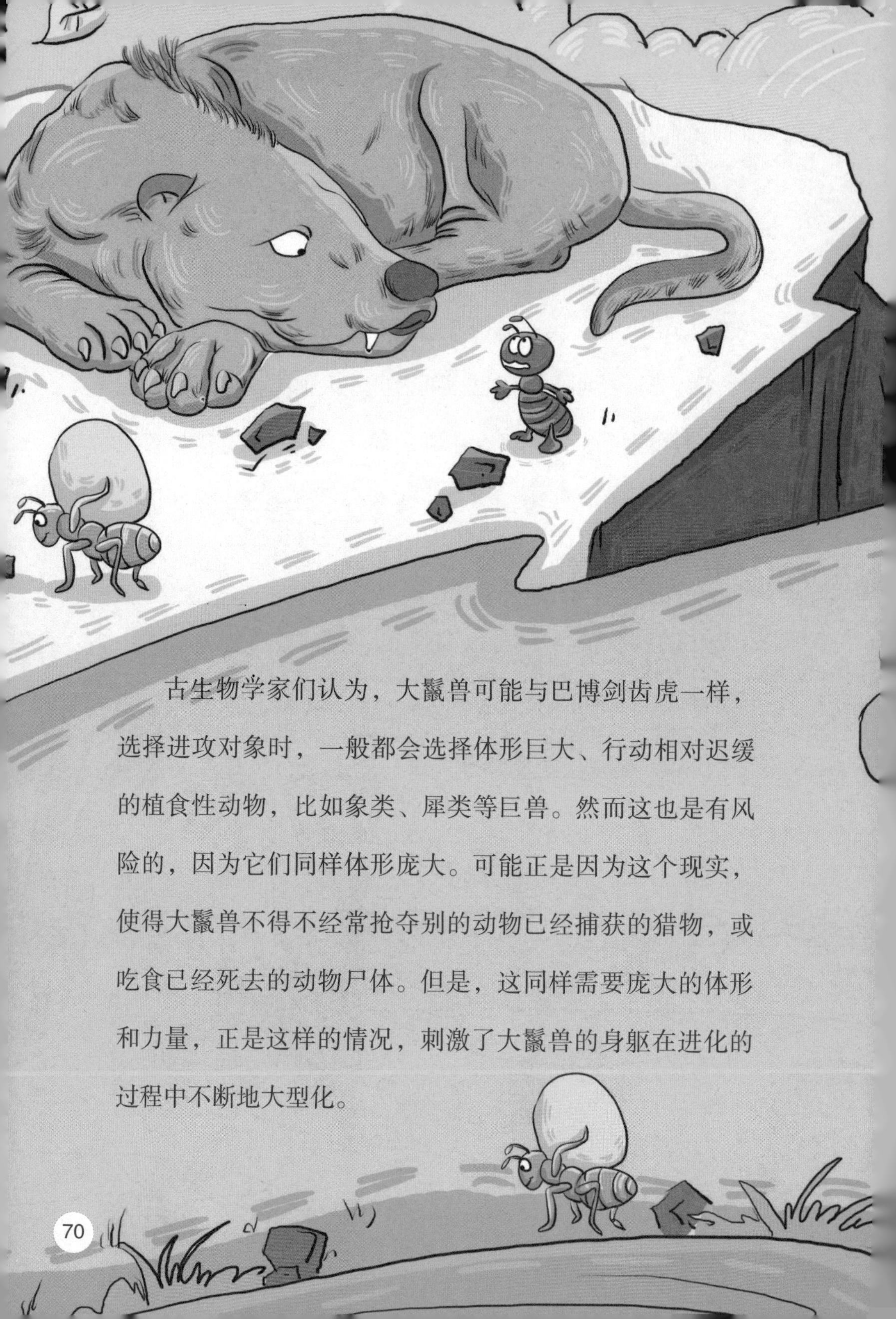

古生物学家们认为，大鬣兽可能与巴博剑齿虎一样，选择进攻对象时，一般都会选择体形巨大、行动相对迟缓的植食性动物，比如象类、犀类等巨兽。然而这也是有风险的，因为它们同样体形庞大。可能正是因为这个现实，使得大鬣兽不得不经常抢夺别的动物已经捕获的猎物，或吃食已经死去的动物尸体。但是，这同样需要庞大的体形和力量，正是这样的情况，刺激了大鬣兽的身躯在进化的过程中不断地大型化。

巨貘，你真是让人猜不透！

小朋友们，你们知道生活在中国的一种叫作“巨貘”的大型动物吗？

巨貘主要分布在中国华南地区，最北可以到达陕西。国外主要分布在中南半岛，印度尼西亚可能也有分布。现在，多数学者认为，巨貘类发源于中国本土，“国产”的中国貘，应该是它们的直接后裔。

因为巨貘的面部有点短，总体来说和现代貘的外貌差异不是特别大。它们的肩高一般可达2米左右，身长约3.5~4米，体形看起来至少比现代貘类要大一倍。古生物学家们指出，它们在中国的生态地位，很可能相当于河马，这个结论同时也可以解释，为什么在后期，中国南方境内没有可靠的河马化石记录。

巨貘一般生活在潮湿的亚热带、热带森林里，古生物学家们认为它们是半水生动物。巨貘大多单独行动，同类之间少有联系。而且比较奇怪的是，幼巨貘没有游戏行为，只是单纯地和母亲生活在一起，一直到它们可以独立。原始的行

为、保守的构造，加上隐秘的森林生活，让巨貘被暴露的几率降到了最低。综合这些因素，就能解释为什么巨貘在中国境内分布广泛而且数目众多了。

遗憾的是，冰河期即将结束时，中国境内的巨貘呈锐减趋势。到了更新世时期与全新世时期交替期间，巨貘突然彻底衰败并很快灭绝了。关于它们灭绝的原因，可能和气候环境有关。对此，古生物学家们还在进行更进一步的探索！

巨犀，你和长颈鹿是亲戚吗？

早在1924年，在美国纽约自然历史博物馆组织的一次考察中，队长罗伊·查普曼·安德鲁斯和他的手下在蒙古地区发现了一些珍贵的史前犀类化石，这是一头犀牛的4条腿的化石。让人感到惊奇的是，在漫长的时光里，这4条腿都是以直立的形态完整地保存下来的。

从这些化石来看，它们比现代大象的腿还要高大粗壮，这个发现立刻轰动了考古界。有小朋友肯定猜到了，这些化石的主人就是我们要了解的大家伙——巨犀！

巨犀生活在始新世末至中新世时期的亚洲、欧洲东部，它们属于植食性动物。成年的巨犀身长可达到7~9米，高度可达到5米，体重可达10~15吨，是目前已知的个头最大的陆生哺乳动物。小朋友们可以找把卷尺请爸爸妈妈丈量5米具体有多高，就可以想象巨犀是多么的巨大了。

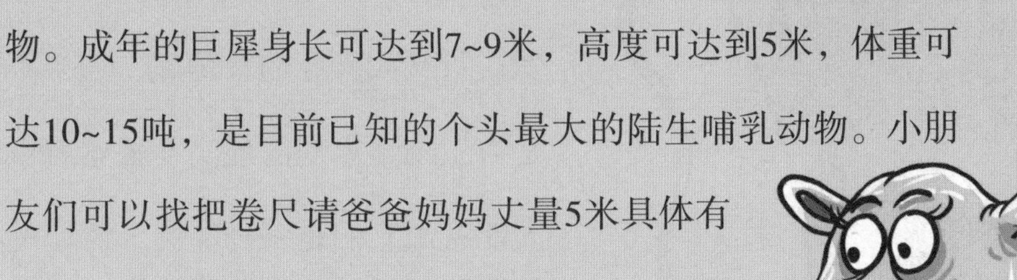

巨犀是犀牛家族早期的一个分支，它们的外形与曾经出现过的各种犀牛都不一样。其

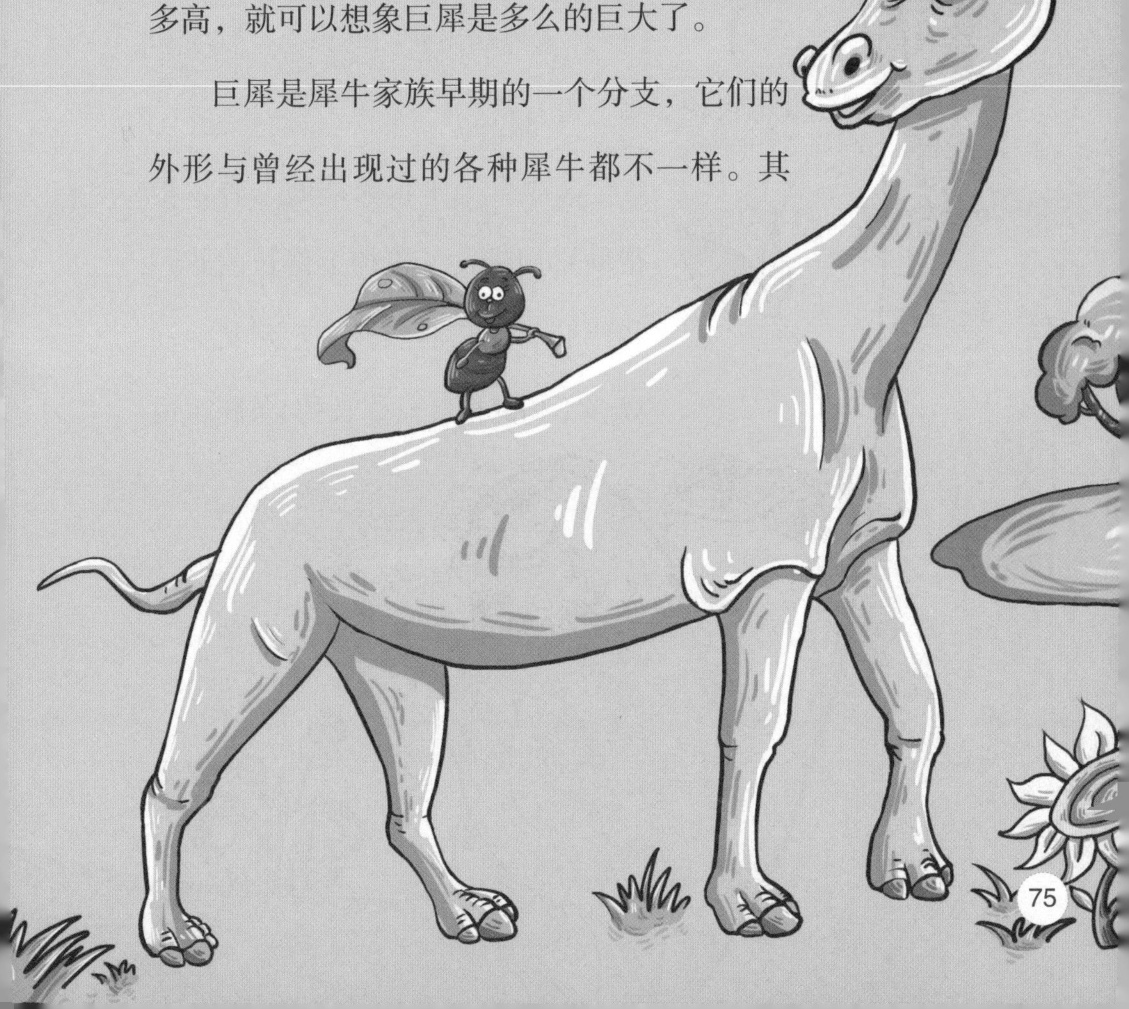

他犀类的基本特征都是身躯粗笨，四肢短小，鼻子上有一只或两只角。让我们惊讶的是，巨犀从外形上看，更像一只又大又胖的长颈鹿，如果不是古生物学家们的证实，根本就没人能看出它们是一种犀类。巨犀的身体大得超出我们的想象，脖子和四肢都很长，头上没有角。

巨犀有一个很灵活的上唇，来帮助它们进食，再加上修长的脖颈和四肢，使它们能轻易吃到其他动物够不到的树叶。修长的4条腿也说

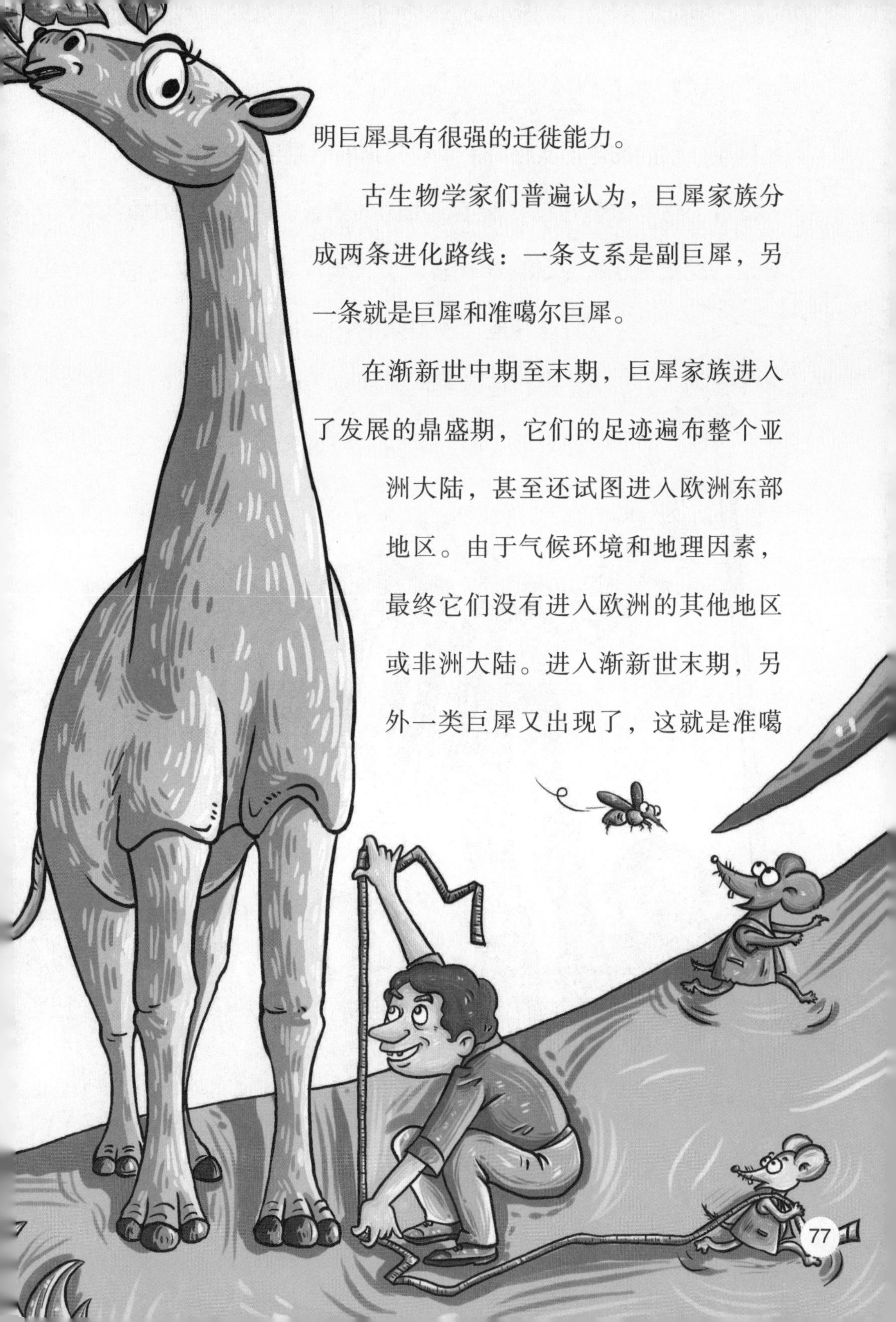

明巨犀具有很强的迁徙能力。

古生物学家们普遍认为，巨犀家族分成两条进化路线：一条支系是副巨犀，另一条就是巨犀和准噶尔巨犀。

在渐新世中期至末期，巨犀家族进入了发展的鼎盛期，它们的足迹遍布整个亚洲大陆，甚至还试图进入欧洲东部地区。由于气候环境和地理因素，最终它们没有进入欧洲的其他地区或非洲大陆。进入渐新世末期，另外一类巨犀又出现了，这就是准噶尔巨犀。它们的体形从化石上来看，比副巨犀还要大。

古生物学家们在巴基斯坦，中国的新疆、内蒙古、甘肃等地，挖掘出了大量的巨犀化石，但直到现在，还未发现它们被其他动物捕杀的化石证据。古生物学家们相信成年巨犀的巨大体形使得它们没有天敌。同一时期，巨鬣齿兽、裂肉兽之

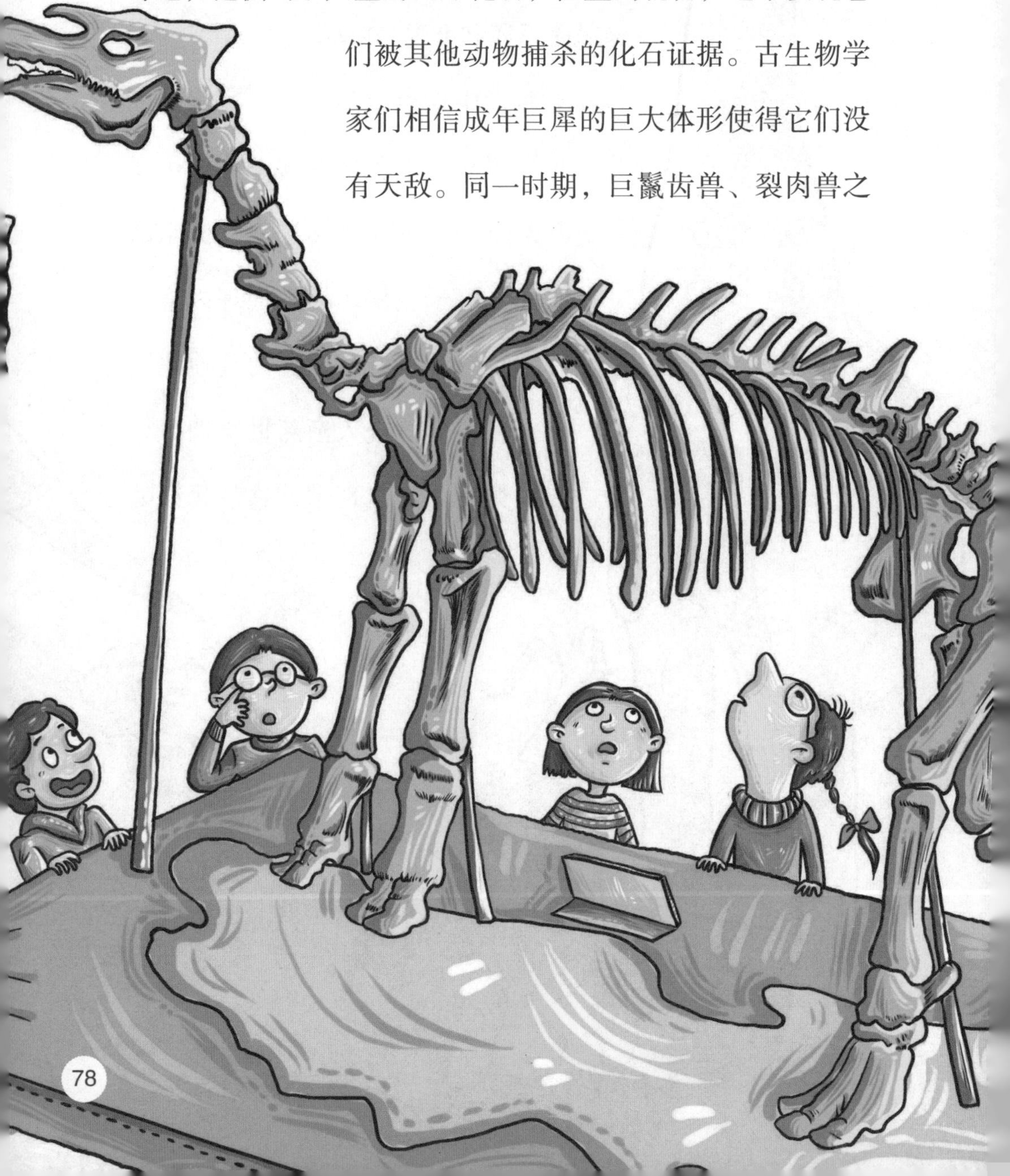

类庞大但笨重的肉齿类捕食者，根本就无法威胁它们。幼巨犀有母亲的保护而很难得手，被猎杀的可能性很低。所以，古生物学家们找到的巨犀化石，许多都保存完美，这对了解巨犀的形态非常有利。

大约2300万年前，渐新世时期结束了。曾经辉煌一时的巨犀家族，在进化过程中，也慢慢地走向消亡。它们灭绝的原因，可能与古地中海的逐渐消失和青藏高原的逐渐抬升有关。剧烈的气候和环境变化，使得茫茫的草原代替了丘陵，导致巨犀赖以生存的食物链中断。巨犀的身材高大笨重，牙齿属于低齿冠，所以，它们只能吃树叶而无法适应地面上的青草。

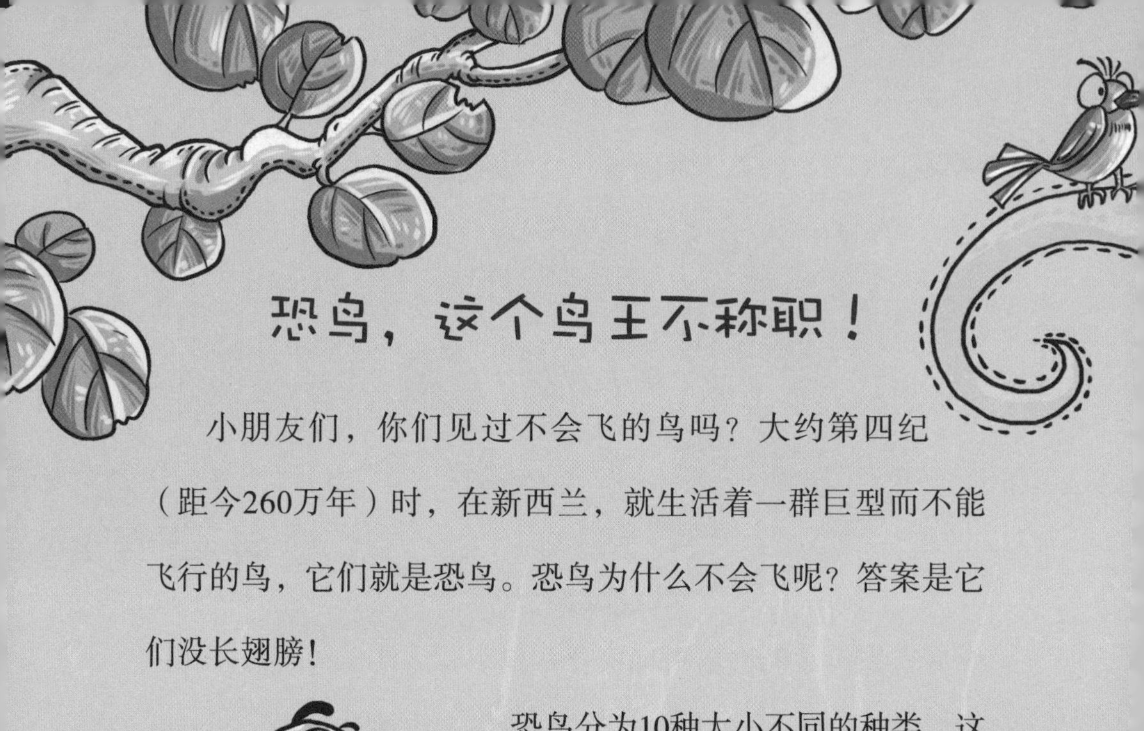

恐鸟，这个鸟王不称职！

小朋友们，你们见过不会飞的鸟吗？大约第四纪（距今260万年）时，在新西兰，就生活着一群巨型而不能飞行的鸟，它们就是恐鸟。恐鸟为什么不会飞呢？答案是它们没长翅膀！

恐鸟分为10种大小不同的种类，这里面就包括了两种身体很庞大的恐鸟，其中包括个子最大、长得最高的巨型恐鸟。它们的身高可以达到3米，比鸵鸟还要高，但和鸵

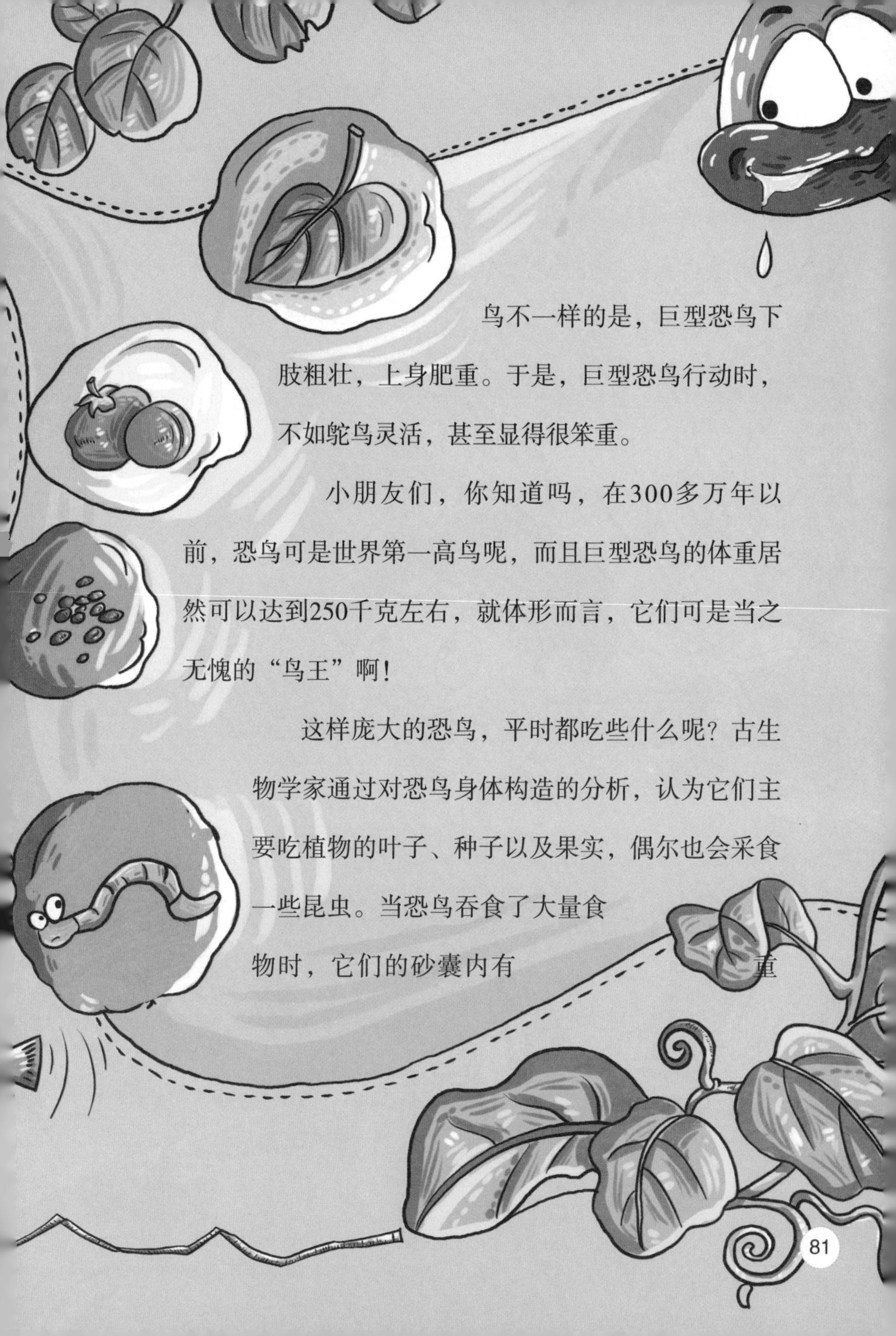

鸟不一样的是，巨型恐鸟下肢粗壮，上身肥重。于是，巨型恐鸟行动时，不如鸵鸟灵活，甚至显得很笨重。

小朋友们，你知道吗，在300多万年以前，恐鸟可是世界第一高鸟呢，而且巨型恐鸟的体重居然可以达到250千克左右，就体形而言，它们可是当之无愧的“鸟王”啊！

这样庞大的恐鸟，平时都吃些什么呢？古生物学家通过对恐鸟身体构造的分析，认为它们主要吃植物的叶子、种子以及果实，偶尔也会采食一些昆虫。当恐鸟吞食了大量食物时，它们的砂囊内有　　　　重

一场无聊的骗局

1993年1月，在新西兰南岛西海岸，有三个人宣称他们看见了一只非常像恐鸟的鸟类。但是，在分析他们所提供的模糊照片以后，科学家们觉得那只不过是一只体形比较大的鸟或者是红鹿而已。这个事件也被认为是一场无聊的骗局，特别是这三个人当中，有一个还是旅馆老板，也许他只是想通过这种方式来吸引游客而已。

达3千克的石粒，帮助它们磨碎食物帮助消化。

有趣的是，笨重的恐鸟却和今天的人类一样，实行“一夫一妻”制。就是说，一只公恐鸟和一只母恐鸟相爱后，就会一生待在一起，只有它们中的其中一只死亡，留下来的那只恐鸟才会去寻找新的伴侣。

长尾巴的华夏鸟！

鸟儿都有翅膀，这是小朋友们都知道的。可是有一种鸟，它不仅没有翅膀，反而有一个奇怪的尾巴，它叫“有尾华夏鸟”，是华夏鸟的一种。可是，为什么这种鸟，会有别的鸟都没有的小尾巴呢？

早在1.2亿年前的白垩纪时代，有尾华夏鸟就出现了。这种鸟类以昆虫为食，生活在大森林里。

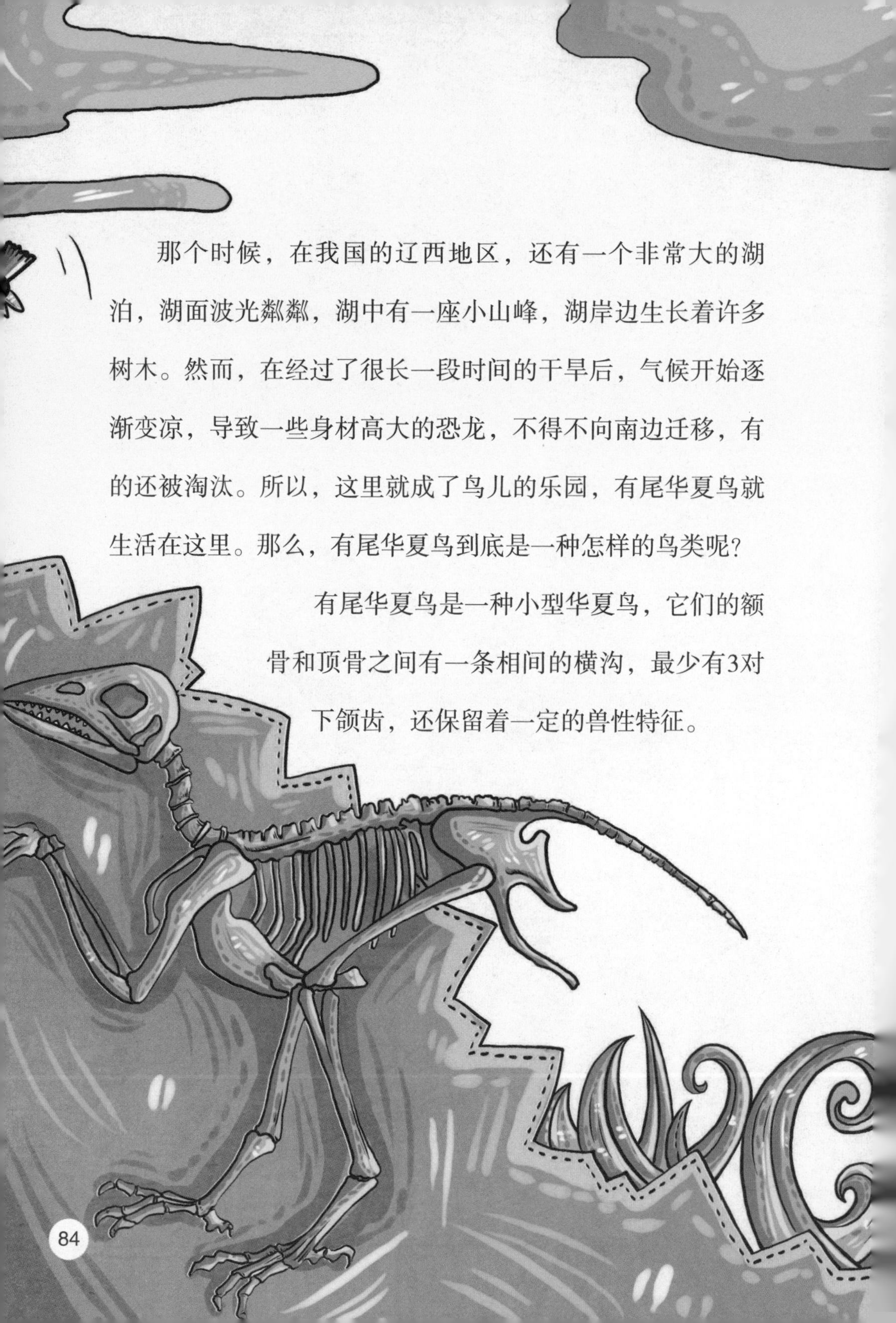

那个时候，在我国的辽西地区，还有一个非常大的湖泊，湖面波光粼粼，湖中有一座小山峰，湖岸边生长着许多树木。然而，在经过了很长一段时间的干旱后，气候开始逐渐变凉，导致一些身材高大的恐龙，不得不向南边迁移，有的还被淘汰。所以，这里就成了鸟儿的乐园，有尾华夏鸟就生活在这里。那么，有尾华夏鸟到底是一种怎样的鸟类呢？

有尾华夏鸟是一种小型华夏鸟，它们的额骨和顶骨之间有一条相间的横沟，最少有3对下颌齿，还保留着一定的兽性特征。

由于有尾华夏鸟的尾椎骨还没有愈合，因而形成了一个比较短的尾巴。1997年，专门研究鸟类的科学家侯连海，正式将其命名为“有尾华夏鸟”。名称中的“华夏”取自中国的名称。种名“有尾”说的就是这种鸟还没有成形的短尾，是根据它的形态特征来命名的。

这下你明白为什么有尾华夏鸟会有尾巴了吧！

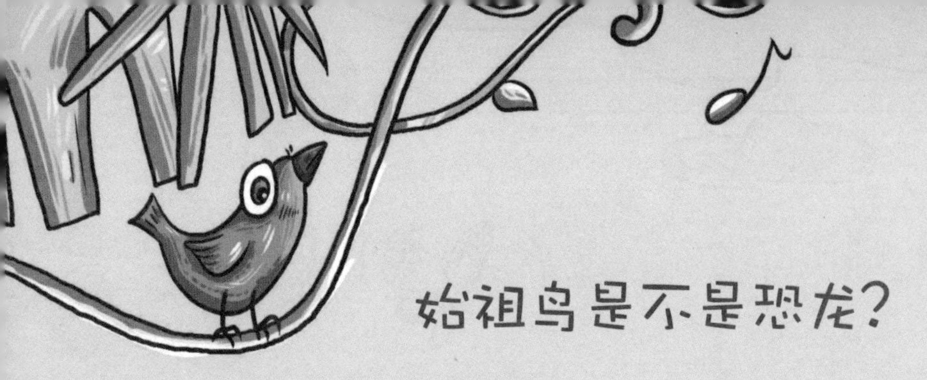

始祖鸟是不是恐龙？

虽然鸟类是我们的好朋友，但是小朋友们，你们了解它们的演变历史吗？对于它们的祖先，你们又了解多少呢？

其实，地球上很早就有了鸟类，而始祖鸟也被很多生物学家认为是世界上最早及最原始的鸟类，可以说是鸟类的始祖。

始祖鸟大约生活在1.55亿~1.5亿年前的侏罗纪末期，它的名字是古希腊文“古代羽毛”或“古代翅膀”的意思，故又名“古翼鸟”。始祖鸟的化石分布在德国南部，而它的德文名字，意指“原鸟”或“首先的鸟”。

始祖鸟体形相对较大，约为现今中型鸟类的大小。它有

着阔及身体末端的圆形的翅膀，并有较长的尾巴，这些为它能够很好地飞行打下了好的基础。

整体而言，始祖鸟可以成长至0.5米。它有着一些现代鸟类的特征，例如：叉骨、羽毛、翅膀及部分相反的首趾。但是，始祖鸟也有着与现代鸟类不同的一面，虽然它的羽毛与现代鸟类十分相似，但在颚骨上却有着锋利的牙齿。而且它们脚上三趾都有弯爪，尾部有又阔又圆的骨质尾巴。

科学家经过研究，发现始祖鸟有很多方面同远古时代的庞然大物——恐龙相似。1970年，一位名叫约翰·奥斯特伦

姆的人就大胆推断鸟类是由恐龙演化而来，而始祖鸟就是当中最重要的证据。因为始祖鸟突出的长距骨、齿间板、坐骨突及人字形的长尾巴都像极了恐龙，而这也间接证明了，始祖鸟生活在侏罗纪时代，这同达尔文的进化论思想不谋而合。

从年代上来看，始祖鸟确实是人们发现的最古老的鸟类。但是始祖鸟毕竟生活在距离我们1亿多年

前的侏罗纪，因此，又有很多科学家们开始怀疑始祖鸟是恐龙而不是鸟类。这些疑问，还等着我们进一步去探索。

白垩纪末期，地壳运动加剧和地球磁极转换引起气候异常，冷热变化无常，飓风洪水肆虐，动植物纷纷灭绝，始祖鸟也没有例外。

登上国徽的渡渡鸟！

渡渡鸟也叫“嘟嘟鸟”，这种鸟在印度洋毛里求斯岛上才有。它是一种不会飞的鸟。

关于渡渡鸟的名字，曾有过很长一段时间的争论。

第一种说法：在荷兰有一种叫“小鸊鷉”的鸟，它和渡渡鸟的尾部羽毛形状与笨拙的走路姿势非常相似，所以，很有可能是二者被相互弄乱而取了相同的名字，小鸊鷉逐渐演变成了“渡渡鸟”这个叫法。

第二种说法：因为渡渡鸟的肉很难吃，于是被取名为“肮脏之鸟”，又因为它蠢肥的体形和不惧人类的习性，于是取名“渡渡”，意思是愚笨的鸟。

第三种说法："渡渡鸟"的叫法是直接取自渡渡鸟的叫声。

那么，小朋友是不是要问了：渡渡鸟是什么样子呢？渡渡鸟有一身蓝灰色的羽毛，喙长大约在23厘米左右，前端有弯钩，钩上还带有红点，翅膀比较短小，双腿是亮眼的黄色，也比较粗壮，在它们的臀部有一簇卷起的羽毛。通常，一只成年的渡渡鸟大约有23千克重，当然这要是和有250千克的恐鸟相比，要小上很多啦！

关于渡渡鸟，还有这样一个故事：在毛里求斯岛上有一特有树种叫"卡伐利亚树"，几百年来，卡伐利亚树和渡渡鸟一直生存在这个岛上。后来，由于人类的过度猎杀，在1688—1715年间，渡渡鸟逐渐灭亡。现在，卡伐利亚树也寥寥无几了。

虽然渡渡鸟从地球上消失了，但是在毛里求斯岛上却仍然可以看到它们的身影。小朋友们是不是感到奇怪了，这到底是为什么呢?

其实啊，这是因为毛里求斯人把渡渡鸟的形象刻到了

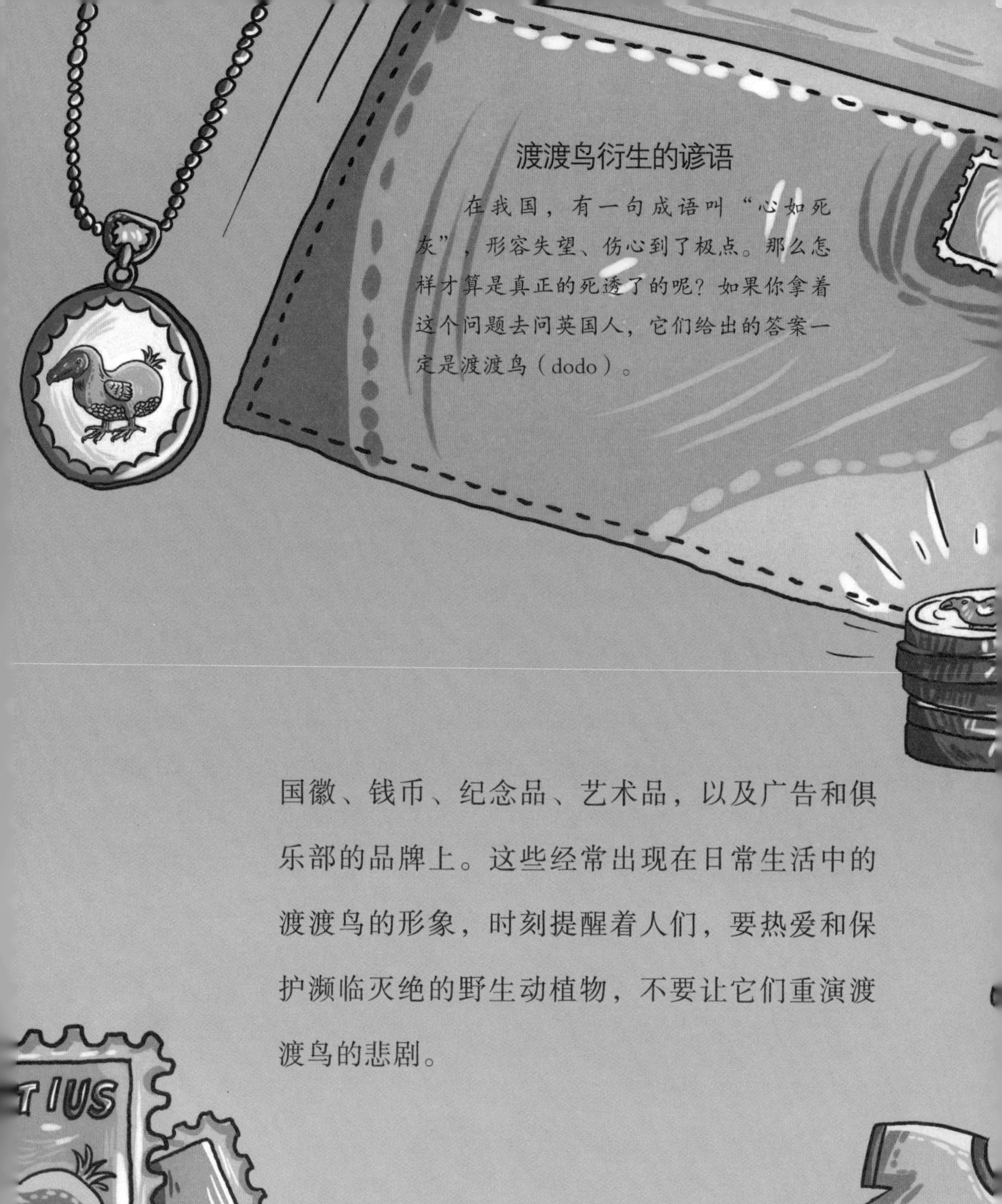

渡渡鸟衍生的谚语

在我国，有一句成语叫“心如死灰”，形容失望、伤心到了极点。那么怎样才算是真正的死透了的呢？如果你拿着这个问题去问英国人，它们给出的答案一定是渡渡鸟（dodo）。

国徽、钱币、纪念品、艺术品，以及广告和俱乐部的品牌上。这些经常出现在日常生活中的渡渡鸟的形象，时刻提醒着人们，要热爱和保护濒临灭绝的野生动植物，不要让它们重演渡渡鸟的悲剧。

剑齿虎的牙齿可真厉害呀！

小朋友们，当看到“剑齿虎”这三个字时，是不是很自然地就想到剑齿虎肯定有像剑一样锋利的牙齿呢？嘿嘿，真聪明！那么，现在就一起来探索一下剑齿虎是怎么生活的吧！

剑齿虎是一种生活在北美和南美的大型短腿肉食动物，

它们的体形可是要比现在的狮子和东北虎粗壮许多呢。

剑齿虎，是因为上颚有一对像剑一样锋利的犬齿而得名，剑齿虎中最著名的是更新世时期的刃齿虎，它们的上犬齿最长达20厘米。

剑齿虎的头骨比较长且有些窄，眼睛也没有狮、虎那么大。剑齿虎和其他猫科动物一样，在吃东西的时候，很有可

能是在嘴巴的一侧，用侧面的牙齿对食物进行撕咬，这样一来，长长的牙齿就会给剑齿虎造成不便。

剑齿虎是怎么利用它们像剑一样锋利的牙齿的呢？

原来，它们会很耐心地、长时间地埋伏在猎物必经之路的草丛中。等到猎物走近时，剑齿虎就大吼一声，猛扑过去，张开巨大的嘴巴，把猎物扑倒，然后利用自己两颗短剑般的牙齿刺中猎物的身体。由于牙齿太长很难被拔出来，剑齿虎就会牢牢地咬住猎物不松口，直到猎物完全死去。到这个时候，剑齿虎才慢慢拔出牙齿，开始享受美味的大餐。

因为生活环境的不同，各种剑齿虎的体态和生活习性也有所差异。例如：欧洲的巨颏虎，主要生活在森林或者灌木丛中，它们会爬树，可能像豹子一样独自猎食；亚洲和北美洲的晚期剑齿虎类，则有着更加细长的四肢。这也表明它们有着较强的奔跑能力，也许会是伏击和追捕猎物的高手。

怎么样，是不是觉得剑齿虎好厉害？可是由于全球气候变暖，一些大型的食草动物适应不了这种极端的气候转变，只能慢慢地向更寒冷的北方迁徙。北极圈中并无充足的草原，因为饥饿，它们纷纷灭亡了。食物链慢慢地中断后，剑齿虎在不断变化的自然环境中，也就慢慢地被淘汰了。

袋狼是袋鼠的亲戚吗?

袋狼，和我们今天的袋鼠一样，胸前有一个育儿袋，用来装它们的子女。那么，袋狼和袋鼠是不是亲戚呢？事实上，它们是不一样的，袋鼠是食草动物，袋狼却是食肉动物。

袋狼身上的斑纹和老虎的相似，所以，它们又叫“塔斯马尼亚虎”。它们的祖先广泛分布于新几内亚热带雨林、澳大利亚草原等地。

小朋友们又要问了，那袋狼是不是和狼一样呢?

其实袋狼是一种非常难形容的奇妙动物，体形像狗，头又像狼。从它的头和牙齿来看，它是一只狼；但从它有条纹的身体来看，它又像老虎。另外，它还可以像狗一样，用四条腿奔跑，也可以像小袋鼠那样，用后腿跳跃行走。最让人感到惊奇的是，袋狼的嘴巴可以张开到180度！

袋狼栖息在开阔的林地和草原，一般情况下，它们夜间外出捕食，白天栖身在石砾之中。它们捕捉的食物通常是袋鼠或是不会飞的鸟类。袋狼奔跑的速度并不快，但是它们会紧追不舍，直到猎物疲惫不堪时，再将猎物咬死！

然而，这么奇妙的动物，最终还是灭绝了。

袋狼灭绝的原因，流传最广的说法是移居澳大利亚的移民们把袋狼当作敌人，认为它们是“杀羊魔”。不久之后，政府就颁布了奖赏制度，鼓励当地人民猎杀袋狼。最终，袋狼从地球上消失了。

贪睡的小猛犸象，你还能醒吗？

小猛犸象是一种什么样的动物呢？是不是和大象很像呢？下面，就让我们一起来认识这种动物吧。

猛犸象也叫长毛象。猛犸象生活在距今1万年前的北半球，它夏天吃草类和豆类，冬天吃灌木、树皮，是一种以群居生活为主的古脊椎哺乳动物。猛犸象和如今的大象非常相似，不同的是，猛犸象的象牙不仅长，而且向上弯曲，就像

一对巨大的獠牙。从侧面看，猛犸的身形像是一个驼背的老人，长满了长毛的表皮，背部是整个身体的最高点，然后从背部开始往后忽然降了下来，脖颈处有一个非常明显的凹陷。

猛犸象里，最有名的是真猛犸象。真猛犸象的平均体形要比恐象和剑齿象小，所以，它算不上最大的古象，但却是最有名的古象。

猛犸象身高体壮，四腿粗壮，

脚上生有四趾，头特别大，嘴部还长出一对弯曲的大牙。一头成熟的真猛犸象，身体长达5米，高约3米，牙齿长1.5米左右，这和亚洲象非常像。它们虽然身高不高，但身体非常肥壮，体重可以达到6~8吨。它们身上披着黑色的细密长毛，仿佛穿着一件厚厚的毛衣一般，而且皮很厚，脂肪厚度达到9厘米。这让猛犸象可以轻松对付严寒的冬天。

成年后的猛犸象非常凶悍，战斗力和攻击力在同时期的动物中是佼佼者。然而，当猛犸象还是小猛犸象时，它们的成长期比较漫长。据资料记载，一头年幼的猛犸象要长到15岁才算是发育成型。所以，一些幼小的猛犸象经

猛犸象的奇迹

4000年前，最后一头猛犸象从地球上消失了。然而，多年后，奇迹却出现了。2004年，在萨哈共和国，有一具保存完整的幼年猛犸象化石，出现在了众人的眼前。这头幼象的头、鼻、脖子、部分胸部以及长112厘米的前半身都保存完好，而它早在4万年前就已经死去了。因为被冰封了上万年，所以，皮肉都存在，因而这头举世罕见的猛犸象的肉身，被称为“世界第九大奇迹”。

常受到凶猛动物的伤害。例如，恐狼和剑齿虎等，就是最喜欢袭击猛犸象的动物。

然而，在距今3700年前，猛犸象却忽然从地球上灭绝了。这到底是为什么呢？生物学家经过反复研究，认为其中主要有两个原因：第一个原因是极端的气候使猛犸象不得不北迁，但北迁后，食物的缺乏致使猛犸象面临饥饿的威胁；第二个原因是人类的大量捕杀，最终使猛犸象彻底灭绝。

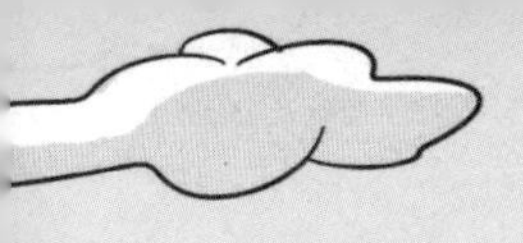

两条长鼻的恐象

恐象是长鼻象中已经绝种的种类，它们生长于中新世中期至更新世早期，是目前已知的第三大的哺乳动物，体形仅次于巨犀及副巨犀。那么，恐象和我们今天在动物园看到的大象有什么区别呢？小朋友们在动物园里看到的大象都甩着一条长长的鼻子，可是恐象长着两条鼻子呢！它们不但有长长的上鼻，而且还有比较短的下鼻，下鼻上还长了两颗长长的象牙。

雄性恐象的肩高一般为3~4.5米，最大的可达5米，它们的体重超过12吨，有些恐象的体重甚至达到14吨。恐象的头部窄而平，它的上门齿退化，但下门齿发达，向下弯曲，指向后方，两条鼻子只能触及膝盖。

恐象主要包括巨恐象、印度恐象和博氏恐象三个种类，它们的体形都十分巨大。其中，巨恐象是恐象的主要物种，是地中海附近地区的物种；印度恐象

是亚洲象的物种；博氏恐象是非洲象的物种。

恐象的灭亡原因，在资料上没有具体记载，但它们于700万年前就消失了。我们从已知的灭亡动物的记载来看，恐象灭亡，有可能是极端的气候造成的。

吃饭像铲土的铲齿象！

小朋友们平常玩挖土机玩具吗？在海边的沙滩上，用挖土机伸得长长的铲子，能铲起很多的沙子，是不是特别好玩呢？如果，我告诉你们，有一种大象也长着像挖土机的铲子那样的嘴巴，你们会相信吗？

在中新世时期到上新世时期的亚欧大陆上，生活着这样一种非常特殊的象类：它们长着一对扁平的

下门齿，看上去就像是一个大铲子。这种象类的名字叫“铲齿象”。

成年铲齿象一般体长5~6米，它们一般生活在河湖边，以植物为主食。成年铲齿象会用铲齿切断并铲起浅水中的植物，然后在长鼻子的帮助下，把食物推入嘴中。

后来，科学家们在亚洲、北美洲、欧洲和非洲发现了铲齿象的化石，又根据铲齿象的形态把铲齿象划

分为板齿象、铲齿象和锯铲齿象三大类。后来，在我国宁夏的同心县，发现了世界上第一具完整的铲齿象骨架化石。

这具完整的化石，让科学家们相信，铲齿象可能和今天的象一样长着长长的鼻子，但很有可能不是侧扁的。这种铲齿象可能是用下颌和鼻子相互配合拉扯植物进食，这就能解释为什么铲齿象可以在当时比较干旱的西北地区生活了。

铲齿象的繁衍，在中新世中期达到了鼎盛，遗憾的

是，几百万年后，它们就逐渐地灭绝了。非常可惜的是，绝大多数出土的铲齿象化石都破碎不堪，目前也只发现了一件非洲的铲齿象化石。人们或许永远都没有办法推测出，铲齿象生前的具体形态以及生活习性。有着极为特殊形态的它们，恐怕很难适应不断变化的环境，所以才会在历史的长河中，最终走向灭亡。

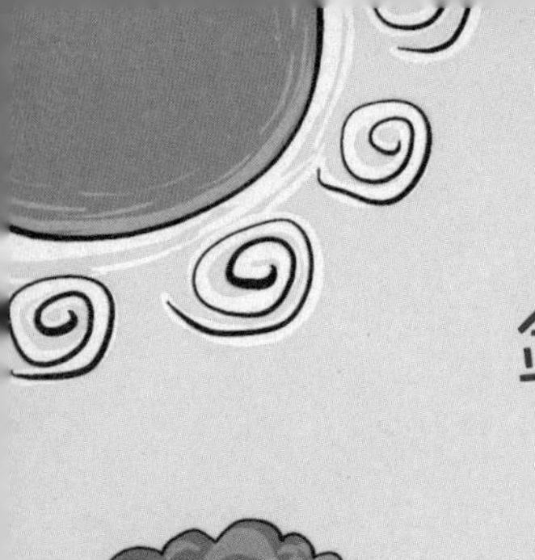

剑齿象，你的名气可真大！

你知道吗，在更新世时期，剑齿象是中国南方最有名的史前动物之一。

剑齿象最早出现在上新世时期，上新世末期早期，剑齿象的繁衍达到了鼎盛。随着环境和气候的剧变，剑齿象和多数种类的动物一起在更新

世末期灭绝了。古生物学家们得到的化石显示：印度尼西亚弗洛雷斯岛上的剑齿象，可能是世界上最后的剑齿象，它们约在8000年前才销声匿迹。

大陆上的剑齿象通常体形较大，身躯非常健壮，它们的前腿看起来长于后腿。一些大型剑齿象身高可以达到4米，而一些小型种类的剑齿象可能还没有一头牛大。为什么会这样呢？这是后期进化的结果。

剑齿象虽身躯庞大，却属于森林生活的象类。剑齿象长着好几米长的象牙，看起来似乎在林中活动很不方便，但神奇的是，这并没阻

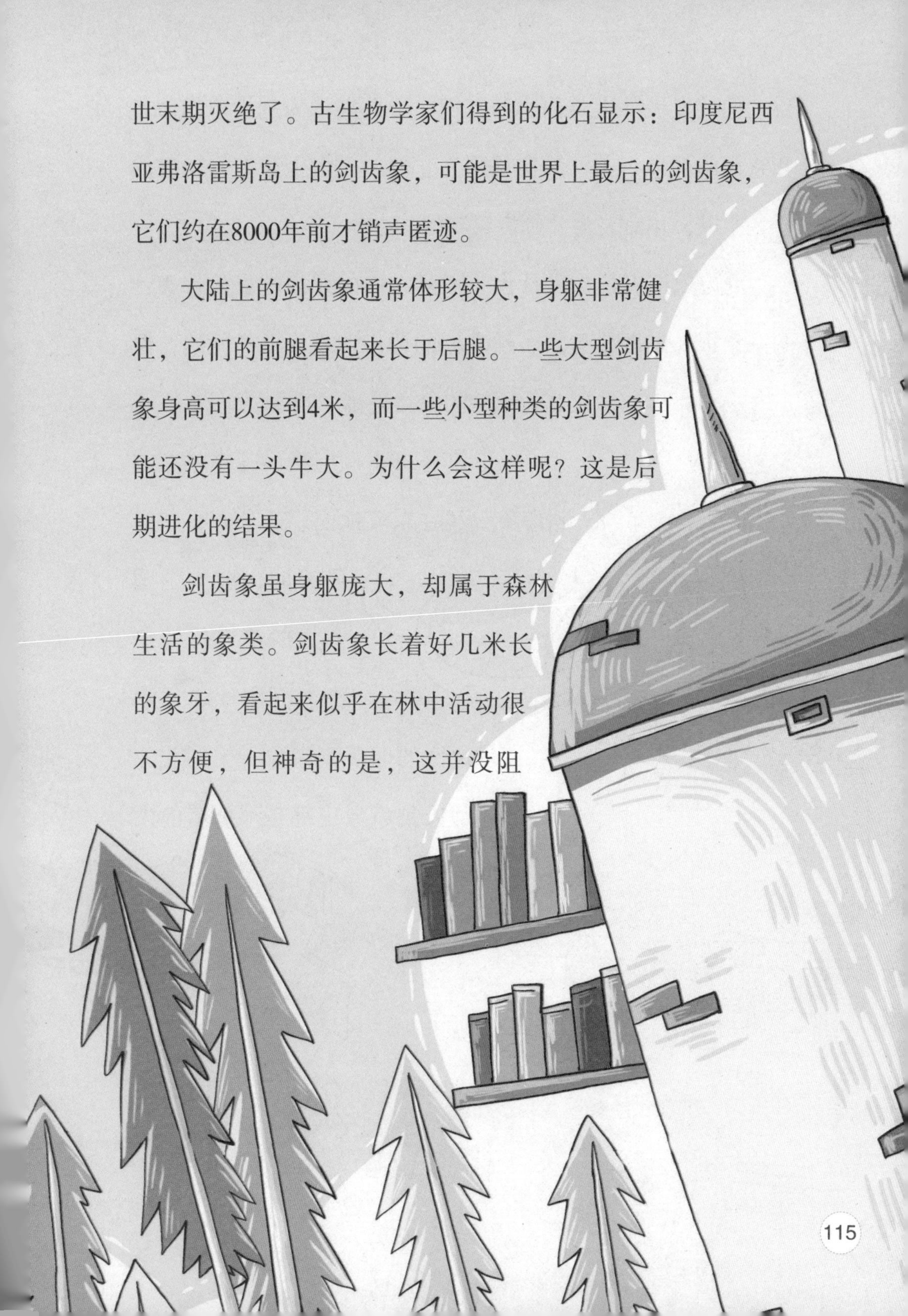

碍它们的发展壮大。但小朋友们，千万别认为剑齿象的命名和它们的牙齿有关，其实是因为它们的臼齿上长有一条条的脊，所以，才命名为“剑齿象”的。

剑齿象拥有巨大的牙齿，而且它们的牙齿就安放在头骨上一条很长的凹槽里。虽然它们的牙齿比现代象类原始，但比其他原始的象类进步了很多。

剑齿象分布非常广泛，其中，东方剑齿象曾经在东亚地区广泛分布，在一段时间内成为中国南方的绝对优势象类。而印度、尼泊尔地区的印萨剑齿象、中国北方的师氏剑齿象也都是很著名的大型象类。

如果小朋友们认为剑齿象都这么大的话，那可是错误的！在日本和印度尼西亚还生活过一些体形较小的剑齿象，它们的肩高普遍不超过1.5米。后来，古生物学家们在地中海的一些欧洲岛屿上，也曾发现过其他小型种的象类。那么，是什么原因导致它们的体形相对小了这么多呢？关于这个问题，古生物学家们给出了答案：封闭狭小的生存环境导致它们不得不小型化。这些小型的剑齿象虽然和大陆上的“大家伙

们”差异很大，但它们的头骨和门齿，仍然是典型的剑齿象类型。

在自然界的进化中，不管曾经多么厉害的动物，最终都走向了灭绝。而剑齿象在亚洲大地上繁衍了200多万年后，也渐渐地消失了。小朋友们，如果你们对剑齿象感兴趣的话，在天津自然博物馆的古生物展区，仍然站立着一头魁伟的完整的剑齿象化石。它虽然已经死去万年，但透过魁伟的身躯，我们仿佛能看见一个曾征服亚洲森林的象类家族，曾经是如何的辉煌！

神奇的鹦鹉螺

说到鹦鹉，想必很多小朋友们都见过。可是，你们见过一种叫作鹦鹉螺的东西吗？

早在5亿年前，鹦鹉螺就出现了，它们生活在热带海洋深处，是世界“四大名螺”之一。由于历史悠久，鹦鹉螺可以说是一种“活化石”，

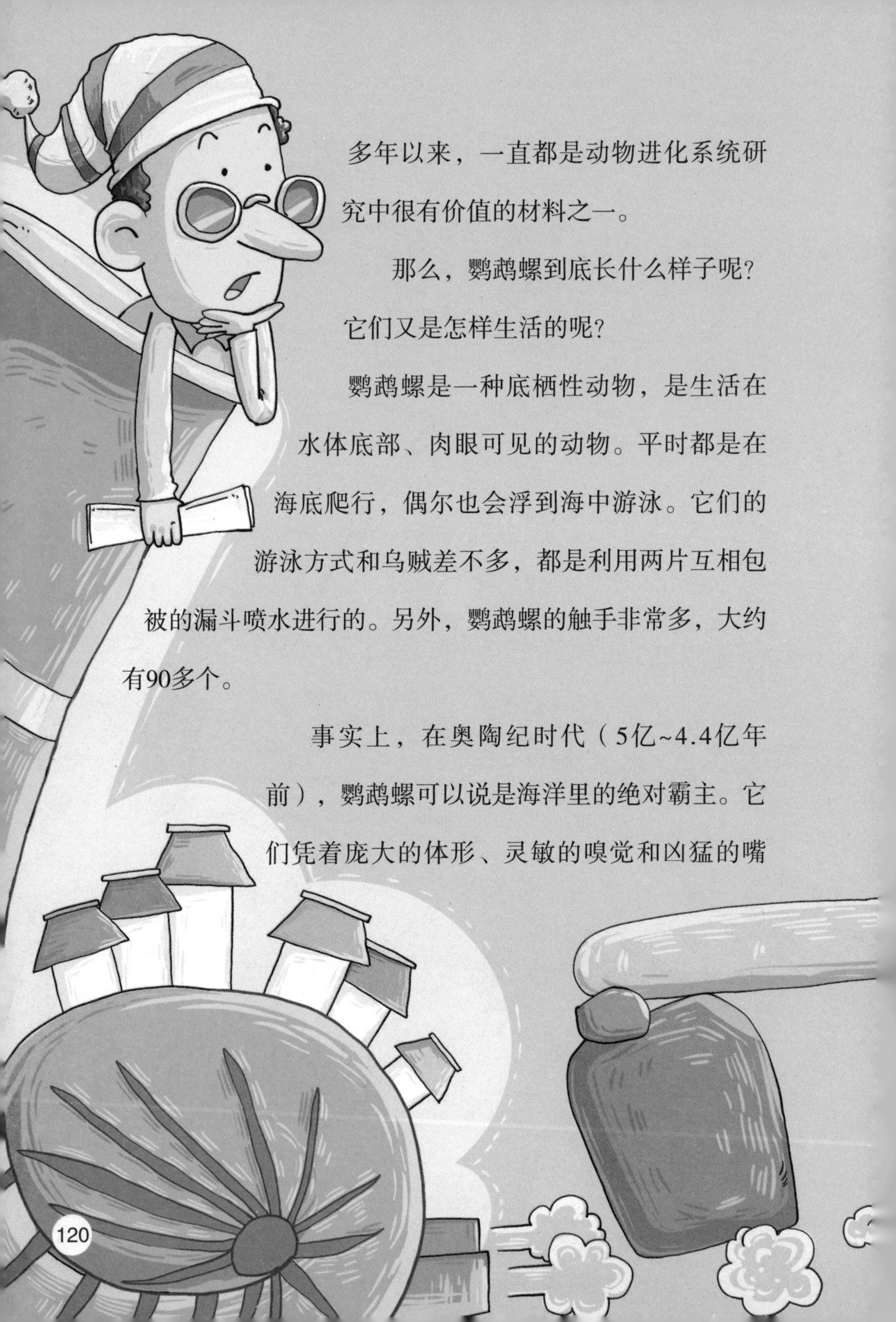

多年以来，一直都是动物进化系统研究中很有价值的材料之一。

那么，鹦鹉螺到底长什么样子呢？它们又是怎样生活的呢？

鹦鹉螺是一种底栖性动物，是生活在水体底部、肉眼可见的动物。平时都是在海底爬行，偶尔也会浮到海中游泳。它们的游泳方式和乌贼差不多，都是利用两片互相包被的漏斗喷水进行的。另外，鹦鹉螺的触手非常多，大约有90多个。

事实上，在奥陶纪时代（5亿~4.4亿年前），鹦鹉螺可以说是海洋里的绝对霸主。它们凭着庞大的体形、灵敏的嗅觉和凶猛的嘴

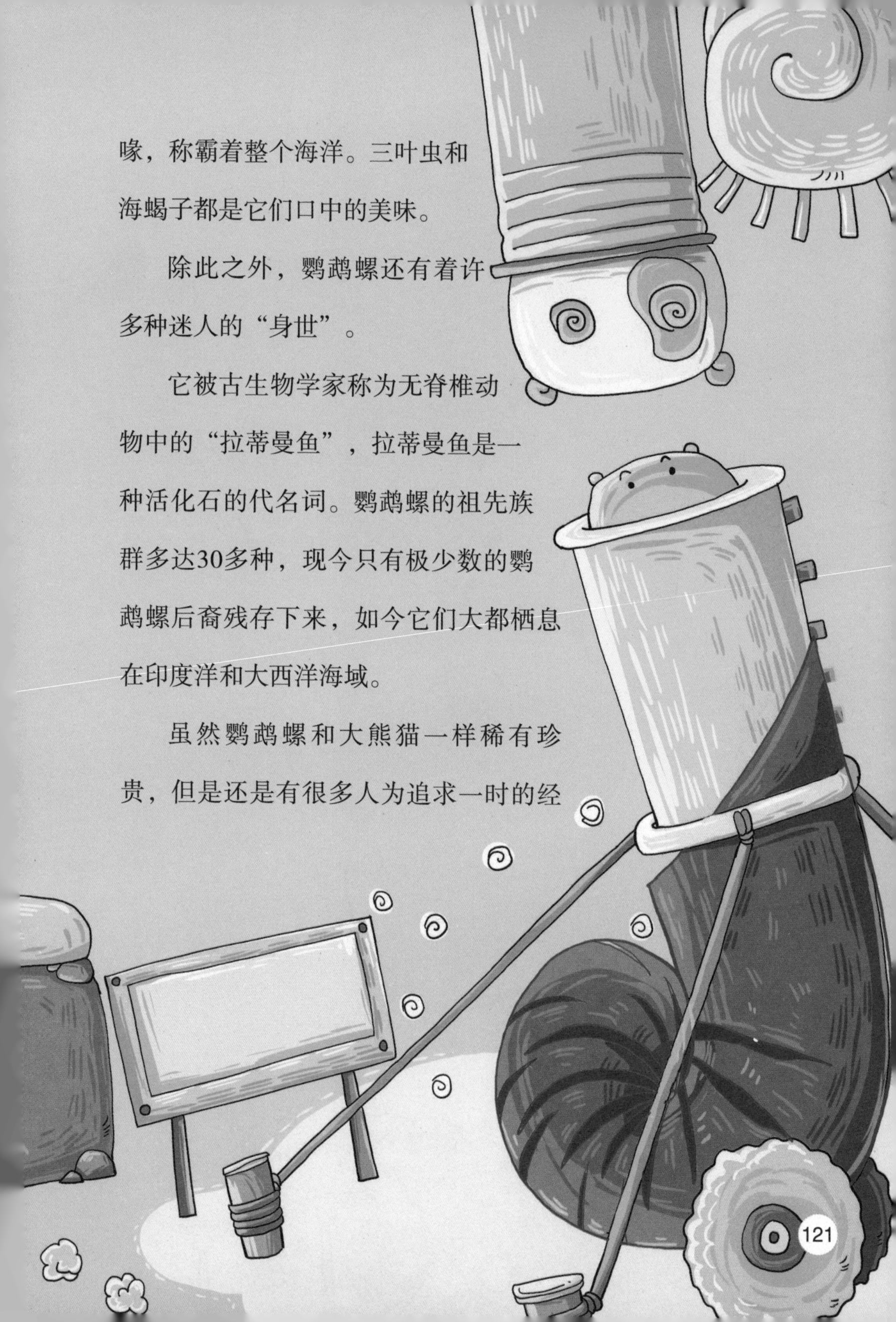

喙，称霸着整个海洋。三叶虫和海蝎子都是它们口中的美味。

除此之外，鹦鹉螺还有着许多种迷人的“身世”。

它被古生物学家称为无脊椎动物中的“拉蒂曼鱼”，拉蒂曼鱼是一种活化石的代名词。鹦鹉螺的祖先族群多达30多种，现今只有极少数的鹦鹉螺后裔残存下来，如今它们大都栖息在印度洋和大西洋海域。

虽然鹦鹉螺和大熊猫一样稀有珍贵，但是还是有很多人为追求一时的经

济利益去捕杀它。

鹦鹉螺的贝壳很好看，珍珠层很厚，是用来玩赏或制作工艺品的绝佳品。也正因此，鹦鹉螺被许多人非法买卖。神奇的鹦鹉螺，还能继续美丽下去吗？